氧化锌矿物硫化浮选过程强化

丰奇成　韩 广　赵文娟　唐妍钰　著

科学出版社

北 京

内 容 简 介

本书以典型的氧化锌矿物为研究对象,系统介绍其高效活化浮选方法,并从宏观和微观层面阐述氧化锌矿物表面活化、硫化、疏水、浮选之间的耦合关系。通过精准解析矿物表面的反应产物,查明多元活化体系中矿物表面的硫化历程和疏水性演变规律,揭示表面硫化调控与浮选过程强化机制,从而建立氧化锌矿物强化硫化浮选理论体系,为复杂难选锌矿资源的高效回收提供理论基础。

本书可供矿物加工工程领域的科技工作者参考,也可供冶金工程、化学工程等相关领域的研究人员参考。

图书在版编目(CIP)数据

氧化锌矿物硫化浮选过程强化 / 丰奇成等著. --北京:科学出版社,2025.4. -- ISBN 978-7-03-081600-9

Ⅰ.TD923

中国国家版本馆 CIP 数据核字第 202519RN04 号

责任编辑:王 运 / 责任校对:何艳萍

责任印制:肖 兴 / 封面设计:无极书装

科 学 出 版 社 出版

北京东黄城根北街 16 号

邮政编码:100717

http://www.sciencep.com

北京建宏印刷有限公司印刷

科学出版社发行 各地新华书店经销

*

2025 年 4 月第 一 版 开本:787×1092 1/16

2025 年 4 月第一次印刷 印张:13 1/2

字数:320 000

定价:178.00 元

(如有印装质量问题,我社负责调换)

前　　言

　　锌是重要的有色金属原材料，在社会发展和人类生存中占有重要的地位，广泛应用于国民经济建设、国防、高新科技等领域。锌矿资源是提炼锌金属的主要来源，长期以来矿山企业主要以易于回收的硫化锌矿为原料进行生产。然而，随着硫化锌矿的大规模开采，现存的该类资源已不能满足日益增长的锌需求，很大程度依靠进口填补需求缺口。氧化锌矿是我国锌矿资源的重要组成部分，储量丰富，但普遍具有贫、细、杂、泥化严重的特点，受技术和经济条件的限制，大量的氧化锌资源至今未被充分开发利用。因此，为保障我国锌资源的稳定供应、推动相关产业的可持续发展，高效开发和利用储量丰富的氧化锌资源非常必要且意义重大。

　　硫化浮选法是分离与富集氧化锌矿常用且经济的一种预处理技术，即添加硫化剂（如硫化钠），对矿石中的氧化锌矿物进行硫化处理，使矿物表面形成人造硫化锌表面，然后以胺类或黄药作为捕收剂进行浮选回收，前者为硫化胺浮选法，后者为硫化黄药浮选法。硫化胺浮选法的特点是浮选指标相对较好，但该工艺极易受矿浆中难免含有的矿泥影响，当矿石中矿泥含量较高时，浮选泡沫被矿泥和胺类捕收剂联合“装甲”，消泡极为困难，导致浮选环境和指标恶化，生产难以正常进行。相对于硫化胺浮选法，硫化黄药浮选法受矿泥的影响较小，生产较为稳定；因此，加强硫化黄药浮选法的理论研究和工业应用是矿物加工领域的重要研究方向，是实现氧化锌矿高效分选的突破口。

　　表面硫化对氧化锌矿硫化黄药浮选至关重要，矿物表面的硫化效果直接关系到氧化锌矿物的可浮性。氧化锌矿物溶解度高、表面亲水性强，采用黄药直接捕收时，矿物表面生成的黄原酸盐组分会因矿物自身的溶解而脱落，同时矿物表面厚实的水化膜也不利于黄药与矿物表面进行相互作用；因此，氧化锌矿物表面经硫化处理后，不仅能降低矿物的溶解性，还能弱化矿物表面的亲水性，有利于捕收剂在矿物表面发生稳定吸附。然而，在氧化锌矿的硫化浮选实践中，每吨氧化锌矿石消耗的硫化钠高达几千克，甚至十几千克，而浮选指标仍不理想，这表明硫化钠与目的矿物的相互作用较弱，氧化锌矿物表面生成的硫化锌组分含量较低、稳定性较差，导致捕收剂在氧化锌矿物表面难以稳定附着。针对表面硫化技术存在的上述问题，本书详细总结了铵盐活化、铜离子活化、铅离子活化、铜铅双金属离子活化和铜铵协同活化对氧化锌矿硫化浮选的影响，并从微观和宏观层面阐述了氧化锌矿物表面硫化调控与浮选过程强化机制。

研究工作从典型的氧化锌矿物——菱锌矿表面特性出发，通过调控菱锌矿表面活性位点的数量和活性，促进矿物表面与后续浮选药剂之间的有效作用；借助先进的试验研究手段、仪器分析技术和密度泛函理论计算，从微观和宏观层面进行了系统深入的研究，建立了菱锌矿表面活化模型，揭示了多元活化体系菱锌矿表面活化机制。通过多尺度、多角度研究了多元硫化体系菱锌矿的表面硫化效率、硫化效果和硫化层稳定性，解析了矿物表面硫化产物的化学结构、化学性能、反应活性、分布特征等，查明了多元活化体系硫化剂在菱锌矿表面的吸附规律，以及菱锌矿硫化过程的反应路径、过渡产物、活性组分、影响因素等信息，揭示了菱锌矿的强化硫化机制。同时借助表面分析技术和溶液检测方法，研究了多元活化体系中菱锌矿表面捕收剂的吸附量、吸附特性和吸附层稳定性，明确了菱锌矿表面疏水性与捕收剂吸附特性之间的匹配关系。基于对菱锌矿的表面特性、活化行为、疏水性演变、浮选指标的全面研究，结合矿物表面活化产物、硫化产物和疏水产物的选择性调控，最终建立了氧化锌矿物表面硫化调控与浮选过程强化理论体系，为氧化锌矿的高效回收提供了理论基础，有望推动氧化锌矿选矿技术的发展，提高我国复杂难处理锌矿资源的综合利用水平。

本书的研究工作得到国家"高层次人才支持计划"青年拔尖人才项目（109720220016）、国家自然科学基金项目（52264026、52304291、51804144）、云南省优秀青年项目（202301AW070018）、云南省"兴滇英才支持计划"科技领军人才、云岭学者、青年人才专项等联合资助，在此一并表示感谢。

由于作者水平有限，书中不足之处在所难免，敬请读者批评指正。

目　　录

第1章　锌矿资源概况

1.1　锌的性质和用途

锌是一种银白色略带蓝灰色的有色金属，呈典型的金属光泽，熔点为419.58 ℃，沸点为906.97 ℃，熔沸点都较低。在常温条件下，锌的延展性欠佳，表现出脆性金属的特性；当加热至100～150 ℃区间时，其延展性会显著改善，材质变得相对柔软且易于加工；然而，一旦加热温度超过250 ℃，锌的延展性急剧下降，再次呈现脆性状态。在化学性质方面，锌不溶于任何浓度的硫酸或盐酸，于干燥环境中具有较高的化学稳定性，不易发生化学反应。但在潮湿的空气环境中，锌金属表面会发生化学反应，生成碱式碳酸锌（$ZnCO_3 \cdot 3Zn(OH)_2$）薄膜，该薄膜能够有效阻止内部锌的进一步氧化，从而保护锌金属基体[1]。

锌是不可或缺的基础性金属原料，在众多领域发挥着重要作用。在钢铁行业中，锌主要应用于钢铁制品表面镀锌处理，凭借其优良的防腐蚀性能，可长时间保护钢材表面不受侵蚀，显著延长钢材的使用寿命[2]。锌能够与铝、铜、铅等多种金属形成具有独特性能的锌合金（图 1.1），其强度和硬度均可大幅度提升，这些合金广泛应用于机械制造业、建筑行业、运输工业及电气工业等行业[3-7]。在机械制造领域，锌合金零件因其卓越的力学性能，能够承受更高的应力与磨损，确保机械设备的高效稳定运行；在建筑领域，锌合金制品兼具美观与耐用的特性，同时展现出良好的耐候性，可有效抵御自然环境的侵蚀；在运输工业中，无论是汽车零部件还是航空航天部件，锌合金均发挥着重要作用，其应用范围涵盖了整个运输产业；在电气工业领域，锌合金凭借良好的导电性和稳定性，为电气设备的可靠运行提供坚实保障。此外，锌金属基于独特的抗磁性，在非磁性材料领域得以应用；同时，锌金属由于在与其他金属碰撞摩擦时不产生火花的特性，成为防爆器材生产制造领域的关键原材料，为安全生产以及特殊环境作业提供保障。

图 1.1　锌金属及锌合金

1.2　锌矿资源分布

1.2.1　世界锌矿资源分布

　　锌作为一种具有重要战略意义的有色金属，在全球经济建设进程中发挥着不可或缺的关键作用。现阶段，锌金属主要通过对锌矿石进行提炼而获取。据相关统计数据，全球总计有 58 个巨型铅锌矿床，以各国分布数量进行排序依次为：澳大利亚（10 个）、美国（7 个）、加拿大（6 个）、中国（5 个）、哈萨克斯坦（4 个）[8]。当前，世界范围内开采较为广泛的铅锌矿类型主要包括海相沉积岩容矿 SEDEX 型、MVT 型（密西西比河谷型）、夕卡岩型、砂页岩型、热源交代型以及黄铁矿型等，其中，SEDEX 型铅锌矿床在储量规模上占据显著优势，为储量最大的铅锌矿类型[9]。图 1.2 为世界各国锌资源储量分布图，2023 年全球锌储量（经济可采储量）为 2.2 亿金属吨，其分布呈现出一定的集中性，主要分布于澳大利亚、中国、俄罗斯、墨西哥、秘鲁等国家。

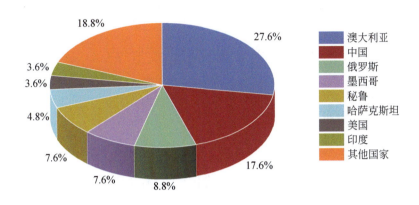

图 1.2　世界各国锌资源储量分布图

1.2.2　中国锌矿资源分布

目前，国内已有 27 个省市针对铅锌矿资源展开了勘探工作，勘探结果表明，铅锌矿资源在我国的分布呈现出明显的地域特征，主要集中于中西部地区。截至 2022 年，我国已探明的锌储量约为 4.61 亿金属吨，然而，受地域环境因素的制约，矿石开采难度大，目前部分锌资源仍需进口以满足国内需求。我国锌矿资源的分布具有不均衡性，主要集中在云南、内蒙古、甘肃、新疆等省区，其中云南、内蒙古和甘肃三省区的锌储量合计占全国锌储量的半数以上。储量分布的不均衡，直接影响了我国锌矿资源的开采与冶炼布局，目前我国锌矿资源的开采与冶炼活动主要集中于西南和西北地区。据相关数据统计，2022 年我国锌产量达到 680.2 万 t；同年，国内锌矿砂及其精矿进口量为 411.42 万 t。尽管国内锌矿维持正常生产，但我国对于锌的需求仍在不断扩大，锌精矿供不应求。随着国民经济的快速发展和下游行业的持续增长，特别是建筑、交通、电子、电力等领域对锌的需求不断增加，预计未来数年锌的消费需求仍将保持增长态势。

以 2023 年全球锌产量 1200 万金属吨计算，全球锌资源的静态可采年限为 18.3 年，相较之下，而我国锌资源静态可采年限仅为 10 年。尽管我国锌资源储量在世界范围内位居第二，但人均占有量处于较低水平。此外，我国锌矿资源主要是以铅锌伴生矿床的形式赋存，此类矿床具有以下特点：其一，中小型矿床数量多；其二，矿石类型复杂，伴生有用元素种类繁多，高达 50 种；其三，矿石中铅少锌多，铅锌比为 1∶2.5；其四，贫矿多，富矿少，选矿难度较大，多数矿石的铅锌品位之和为 5%～10%[10-11]。

1.3 锌矿物类型及特点

1.3.1 硫化锌矿物

在自然界中，锌主要以硫化物及氧化物的形态存在，其中硫化锌矿占据较大比例，而氧化锌矿占比较小。具有工业价值的常见硫化锌矿物主要包含闪锌矿、铁含量较高的铁闪锌矿以及闪锌矿同质异象变体的纤维锌矿。由于铅原子与锌原子的外层电子结构具有相似性，锌在自然界中常与铅共生，通常情况下，硫化锌矿床中伴生有大量的硫化铅矿，同时还存在硫化铜、硫铁矿等硫化矿物。闪锌矿的理论化学组成包含 67.10% 的 Zn 和 32.90% 的 S。铁是最为常见的类质同象混入物，其含量最高时质量分数可达 26%。镉和锰等元素也常以混入物形式存在，镉含量一般为 0.1%～0.5%，当镉含量超过 5% 时，形成镉闪锌矿，化学式为（Zn，Cd）S。此外，闪锌矿中有时还会夹杂其他金属矿物的机械混入物。纯闪锌矿的颜色接近于无色，但因常含铁元素而呈现浅黄色、黄褐色、棕色乃至黑色。闪锌矿的莫氏硬度在 3～4 之间，相对密度通常为 3.9～4.2。其性质比较脆，导电能力很差，属于绝缘体。闪锌矿属于硫离子紧密堆积的等轴晶系，晶型一般呈四面体。闪锌矿易被氧化为 ZnSO$_4$ 而流失，因此氧化铅锌矿中锌的含量和次生矿物种类较铅的含量和次生矿物种类少。通常情况下，当闪锌矿中铁的质量分数超过 6% 时，即可称为铁闪锌矿。纤维锌矿（ZnS）是闪锌矿的同质异象变体，其分布远不及闪锌矿广泛，主要产于低温热液矿床。纤维锌矿中常富含较多的镉，因此当纤维锌矿含量较高时，可作为镉矿开采。纤维锌矿属六方晶系，与闪锌矿的物理性质很相近。图 1.3 为闪锌矿和铁闪锌矿的标本照片。

图 1.3　闪锌矿和铁闪锌矿

1.3.2 氧化锌矿物

在锌矿资源中，除了硫化锌矿物外，氧化锌矿物也是一类重要的组成部分，其形成过程、矿物特性及选矿难度等方面与硫化锌矿物存在显著差异。硫化锌矿床的表层经过长期氧化作用后，可形成氧化锌矿床。在含有 O_2、CO_2、生物质和 H_2O 的环境中，表层的硫化锌经过长期的地质“演化”过程，可逐步形成氧化带，且地下水中的 CO_2 浓度越高，越有助于氧化锌矿物的生成[12-13]。氧化锌矿物在种类上相对较为单一，然而其内部构造与结构却颇为复杂，多伴生有粒度较细的造岩矿物，以及黏土成分、Fe_2O_3 和 $Fe(OH)_3$ 等杂质成分。在氧化锌矿石中，主要的脉石矿物包含 $CaMg(CO_3)_2$、$CaCO_3$、$3MgO \cdot 4SiO_2 \cdot H_2O$、$Al_2O_3$、$FeO/MgO$、$SiO_2$、黏土以及 Fe_2O_3 和 $Fe(OH)_3$ 等。在矿石破碎或磨矿作业过程中，其中的 $Fe(OH)_3$ 和 $FeO(OH) \cdot nH_2O$ 易于粉碎形成矿泥[14]。氧化锌矿物主要可划分为硅酸盐矿物和碳酸盐矿物两大类，其中碳酸盐矿物以菱锌矿和水锌矿为主，硅酸盐矿物则主要涵盖异极矿和硅锌矿[15-19]。表 1.1 列出了常见氧化锌矿物的化学式及物理性质。图 1.4 为菱锌矿和异极矿的标本照片。

表 1.1 常见氧化锌矿物的化学式及物理性质

矿物名称	化学式	晶系	锌含量	莫氏硬度	颜色
菱锌矿	$ZnCO_3$	三方	52.1	4～4.5	黄、白、灰
异极矿	$Zn_4(Si_2O_7)(OH)_2$	斜方	54.3	4.5～5	蓝、白、褐
硅锌矿	Zn_2SiO_4	三方	58.6	5～6	灰、黄、橙
水锌矿	$Zn_5(CO_3)_2(OH)_6$	单斜	不定	2～2.5	白、灰、黄
锌尖晶石	$ZnO \cdot Al_2O_3$		44.3	5	褐色、绿
锌铁尖晶石	$(Zn,Mn)Fe_2O_4$	等轴	不定	6	蓝灰
红锌矿	ZnO	六方	80.3	4	橙、黄橙、深红
绿铜锌矿	$(Zn,Cu)_5(CO_3)_2(OH)_6$	单斜	不定	2	淡绿、青蓝
皓矾	$ZnSO_4 \cdot 7H_2O$	斜方	28.2	2～2.5	白、红、黄
锰硅锌矿	$(Zn,Mn)_2SiO_4$	三方	39.2	5～6	绿、红
羟砷锌石	$Zn_2(AsO_4)(OH)$	正交	45.4	3.5	黄绿、白、蓝

图 1.4   菱锌矿和异极矿

1.4   氧化锌矿资源概况

我国锌矿资源储量丰富，但矿石品位较低，矿物组成复杂，开采难度大，选矿处理困难。硫化锌矿物通过活化浮选工艺可实现有效回收，而氧化锌矿物的可浮性极差，浮选回收难度极大，历经数十年的科技攻关，至今仍未完全实现工业化生产，其高效回收问题一直是选矿冶金领域公认的世界性技术难题。从地质成因角度而言，氧化锌矿床可划分为浅矿床和深矿床两种地质类型。氧化锌矿物是自然界长期风化作用的产物，这一过程发生于锌矿的氧化带内，由闪锌矿氧化后与围岩交互作用而形成。当围岩为碳酸盐矿物时，便会形成菱锌矿，菱锌矿进一步与空气中的 SiO_2、CO_2 相互作用，进而生成异极矿。氧化锌矿在自然界的形成过程具体反应方程式如下：

$$ZnS + 2O_2 \Longrightarrow ZnSO_4 \tag{1.1}$$

$$ZnSO_4 + CaCO_3 \Longrightarrow CaSO_4 + ZnCO_3 \tag{1.2}$$

$$ZnCO_3 + CO_2 + H_2O \Longrightarrow Zn(HCO_3)_2 \tag{1.3}$$

$$2H_2SiO_3 + 4Zn(HCO_3)_2 \Longrightarrow Zn_4Si_2O_7(OH)_2 \cdot H_2O + 4H_2O + 8CO_2 \tag{1.4}$$

依据锌矿石的氧化程度，可将其分类如下[20-21]：①硫化锌矿，其锌矿石的氧化率低于10%；②混合锌矿，锌矿石的氧化率处于10%～30%之间；③氧化锌矿，锌矿石的氧化率高于30%。

根据矿石特性，氧化锌矿石还可进一步细分为以下 5 类（表 1.2）[22-25]。

表 1.2   氧化锌矿石类型

矿石类型	选矿难易程度	目的矿物种类
碳酸盐类矿石	属于易选矿石，可采用胺类捕收剂回收	此类矿石的脉石矿物主要为碳酸盐类，氧化锌矿物以菱锌矿为主，可浮性好

续表

矿石类型	选矿难易程度	目的矿物种类
铁的氧化物与铁的氢氧化物所浸染的碳酸盐类矿石	为较难选矿石，适宜采用胺类捕收剂浮选回收	这类矿石中的氧化锌矿物主要包括菱锌矿、异极矿和水锌矿，其可浮性中等，磨矿过程中易解离
被 $Fe(OH)_3$ 与 Fe_2O_3 浸染及黏土含量较高的碳酸盐类矿石	属于难选矿石，目的矿物的可浮性较差，仅用浮选法处理难以取得理想的回收效果	氧化锌矿物主要为水锌矿、异极矿、菱锌矿与铁菱锌矿
硅酸盐类矿石	为难选矿石，氧化锌矿石的可浮性差，采用浮选法难以获得较好的回收指标	目的矿物主要为锌铁尖晶石、硅锌矿、异极矿、红锌矿和少量菱锌矿
赭色黏土质矿石	属于极难选矿石，氧化锌矿物在该类矿石中呈细粒分散嵌布，锌矿物几乎无法实现单体解离，目前尚未找到适宜该类矿石的选矿方法	目的矿物主要为含锌的赭石、黄钾铁矾、黏土矿泥及大量可溶性盐

近年来，我国对锌金属的需求量呈现逐年递增的趋势，然而，锌矿产资源的利用面临着两大困境：其一，国内自产的锌精矿无法满足需求，需要大量进口；其二，绝大部分已探明的硫化锌矿已处于开发利用状态或正在开发过程中，后备资源储量严重匮乏。故而，低品位难处理氧化锌矿的开发与利用成为选矿和冶炼领域科研工作者的研究重点。我国氧化锌矿资源主要分布在云南、贵州、甘肃、广西等地，其中位于滇西的兰坪铅锌矿尤为突出，其铅锌金属储量超过 1000 万 t，是亚洲第二大铅锌矿床，且属于低品位难处理氧化铅锌矿。氧化锌矿具有矿物种类繁多、矿石结构复杂、相互掺杂伴生现象普遍，嵌布粒度较细以及泥化现象严重的特点，而且，此类矿石可溶性盐含量较高，产生的难免离子可能会对浮选药剂的选择性产生不利影响。故而，对于低品位难处理氧化锌矿，常规选矿工艺难以实现有效回收。因此，经济合理地开发利用低品位难处理的复杂氧化锌矿，以提高锌资源利用率，对于缓解我国锌原料短缺状况、满足锌金属供应需求具有重要的意义。

参 考 文 献

[1] 翟秀静. 重金属冶金学. 北京：冶金工业出版社，2011.

[2] 王塘，吴建兴，吴贤官，等. 无机富锌底涂料的特殊用途. 腐蚀与防护，2006，(2)：94-97.

[3] 代涛，陈其慎，于汶加. 全球锌消费及需求预测与中国锌产业发展. 资源科学，2015，37 (5)：951-960.

[4] 刘红召，杨卉芃，冯安生. 全球锌矿资源分布及开发利用. 矿产保护与利用，2017，(1)：

113-118.

[5] 娄向阳，纪仲光，徐政，等. 膜蒸馏-结晶处理高浓度硫酸锌溶液的研究. 稀有金属，2018，42（3）：299-306.

[6] 彭曙光. 锌铜钛合金及其产业前景分析. 湖南有色金属，2003，（2）：35-37.

[7] 张浩. 中国锌消费变化驱动力分析研究. 中国金属通报，2016，（12）：109-111+108.

[8] 戴自希，张家睿. 世界铅锌资源和开发利用现状. 世界有色金属，2004，（3）：22-29.

[9] 戴自希. 世界铅锌资源的分布、类型和勘查准则. 世界有色金属，2005，（3）：15-23+6.

[10] 赖振宁. 高硅低品位氧化锌矿深度硫化浮选与尾矿减排技术研究. 昆明：昆明理工大学，2019.

[11] 刘晓，张宇，王楠，毛佳. 我国铅锌矿资源现状及其发展对策研究. 中国矿业，2015，24（S1）：6-9.

[12] 李明晓. 基于循环经济的低品位难处理氧化锌矿选冶联合新工艺研究. 昆明：昆明理工大学，2011.

[13] 罗良烽. 云南鲁甸超低品位的氧化锌矿浮选试验研究. 昆明：昆明理工大学，2008.

[14] 杨少燕. 菱锌矿浮选的理论与工艺研究. 长沙：中南大学，2010.

[15] 唐石林. 锌矿直接酸浸全湿法生产活性氧化锌新工艺. 无机盐工业，1992，（2）：20-21.

[16] 廖基强. 氧化锌矿水热硫化转化研究. 昆明：昆明理工大学，2011.

[17] 叶家笋. 菱锌矿与褐铁矿浮选分离的研究. 长沙：中南大学，2012.

[18] 敬珊珊，丁治英，刘春霞，等. 共生氧化物对锌硅酸盐矿物氨浸行为的影响研究. 矿冶工程，2016，36（5）：92-96+99.

[19] 刘旭东，郭宇峰，付刚华，等. 含硅酸锌矿类锌资源利用现状. 中国冶金，2017，27（3）：7-11+39.

[20] 孔燕. 低品位氧化锌物料硫化焙烧-浮选工艺及理论研究. 长沙：中南大学，2014.

[21] 庄子宇. 锌氨溶液中二氧化碳协同萃取锌的工艺研究. 昆明：昆明理工大学，2018.

[22] 王资. 氧化锌矿浮选研究现状. 昆明冶金高等专科学校学报，1997，（3）：20-26.

[23] 刘智勇. 氧化锌矿物在氨-铵盐-水体系中的浸出机理. 长沙：中南大学，2012.

[24] 陈晔. 阳离子胺类捕收剂浮选异极矿氧化锌及其作用机理研究. 南宁：广西大学，2006.

[25] Önal G，Bulut G，Gül A，et al. Flotation of Aladag oxide lead—zinc ores. Minerals Engineering，2005，18（2）：279-282.

第 2 章　氧化锌矿选矿技术

受技术和经济条件限制,低品位复杂氧化锌矿难以采用湿法冶金方法直接提取。在氧化锌矿的选别工艺中,通常采用直接浮选法、重-浮联合法、重-浮-磁联合法等方法,其中浮选法是实现该类矿物富集的主要手段。

2.1　氧化锌矿难选的原因

我国氧化锌矿储量丰富,在我国锌矿资源体系中占据重要地位,然而,其具有品位低、嵌布粒度较细、所含脉石种类复杂、泥化严重以及可溶性盐含量偏高的特性[1]。此外,氧化锌矿物的溶解度与表面亲水性均高于硫化锌矿物[2],致使氧化锌矿资源的富集难度较大,且多数尚未得到开发利用。当前,浮选法和湿法冶金是处理氧化锌矿的主要手段,鉴于低品位复杂氧化锌矿难以直接用冶金法提取,浮选法成为富集该类矿物的主要方法。相较于其他氧化矿,氧化锌矿尤为难选,具体原因如下:

(1)氧化锌矿中包含多种目的矿物,如菱锌矿、异极矿、水锌矿、闪锌矿等,致使矿石性质复杂。其中,有用矿物的可浮性差异显著,且各自浮选的最佳条件亦不相同,难以找到与之匹配的浮选流程,无法实现多种氧化锌矿物的同步浮选[3]。

(2)氧化锌矿所处的地质环境复杂多样,所含脉石矿物种类丰富,既含有方解石、白云石等碳酸盐类矿物,又含有石英、长石、云母等硅酸盐类矿物,以及褐铁矿、赤铁矿等氧化铁矿物,此外还存在硫酸铜、硫酸锌等可溶性盐类矿物[4]。这些脉石矿物与所选氧化锌矿的可浮性相近,在浮选过程中难以实现有效分离。同时,氧化锌矿的目的矿物与脉石矿物表面水化能力相近,浮选时需选用可增强目的矿物表面疏水性的浮选药剂,以实现不同矿物的分选。此外,脉石矿物中可溶性盐类矿物的溶解度高于菱锌矿与异极矿,而菱锌矿与异极矿是氧化锌矿的主要目的矿物,可溶性盐类矿物的溶解会导致浮选矿浆中产生大量难免离子,这些离子吸附于矿物表面后,会降低浮选药剂的选择性,进而影响氧化锌矿的浮选效果[5]。

（3）在氧化锌矿石中，菱锌矿与异极矿多呈微细粒状分布，目的矿物与脉石矿物紧密共生，嵌布关系较为复杂，目的矿物的单体解离难以实现；除微细粒目的矿物外，氧化锌矿石中通常还存在微细粒硅酸盐矿物，这类脉石矿物会对目的矿物的浮选过程造成严重干扰。

（4）受成矿过程、自然风化等因素影响，氧化锌矿中含有大量的泥质脉石矿物，如绿泥石、高岭土、黏土、褐铁矿等。此外，在采矿、运输、破碎、磨矿以及搅拌过程中，质地较脆的脉石矿物会形成微细粒矿泥[6-9]。原生矿泥与次生矿泥的存在会恶化氧化锌矿的浮选环境，一方面，在浮选过程中，矿泥会覆盖在目的矿物表面，阻碍浮选药剂在矿物表面的吸附，影响其浮选矿化过程，导致浮选效果降低，无法达到理想的浮选指标；另一方面，矿泥对浮选药剂具有强烈的吸附作用，会使捕收剂吸附于矿泥表面，造成浮选药剂的大量消耗，增加用药成本。

2.2　氧化锌矿浮选工艺

2.2.1　脂肪酸类捕收剂直接浮选法

直接浮选法是借助捕收剂直接实现目的矿物富集的方法，脂肪酸类捕收剂是用于直接浮选氧化锌矿的常见捕收剂类型[10]。此方法具有浮选工艺流程简洁、药剂成本经济、药剂来源广泛等优点，在磷酸盐矿物、硅酸盐矿物以及稀土元素等矿物的浮选领域有着广泛应用。然而，该浮选法在处理氧化锌矿时存在一定局限性，仅适用于高品位氧化锌矿且脉石成分简单、性质不复杂的易选矿石。由于碱土金属离子和重金属离子对石英具有活化作用，含此类离子的氧化锌矿石难以采用该法有效分选[11]。同时，氧化锌矿中常伴生大量复杂脉石矿物，这使得脂肪酸类捕收剂在捕收此类矿石时选择性降低，浮选过程中上浮泡沫易夹带方解石、白云石等脉石矿物，导致精矿品位下降，浮选指标难以达到理想效果，因此该工艺在氧化锌矿工业生产中的应用并不广泛。此外，使用油酸、油酸钠、合成脂肪酸等脂肪酸类药剂作为捕收剂时，必须对矿浆酸碱度进行精准调节，并配合足量的有效抑制剂，才能实现理想的分离效果。在弱碱性溶液环境中，使用油酸钠浮选菱锌矿可以得到高于80%的浮选回收率。在矿浆pH为10的条件下，菱锌矿与油酸钠发生作用，促使矿物表面动电位向负方向偏移，经红外光谱分析证实菱锌矿表面生成了油酸锌[12]。

2.2.2 螯合捕收剂浮选法

脂肪酸类捕收剂直接浮选法在特定条件下可行，但对于复杂氧化锌矿的浮选效果有限，而螯合捕收剂凭借其独特的作用机制为氧化锌矿浮选提供了新的思路。1971 年，意大利学者率先提出螯合物作为浮选捕收剂的概念。金属离子能够与螯合物上的两个或多个官能团相结合，形成含有一个或多个环的有机大分子化合物[13]。螯合剂通常含有 O、N、S 等活性原子，这些活性原子可与矿物表面的阳离子形成稳定的螯合物。因此，螯合捕收剂具有选择性好、捕收能力强的特点[14]。在捕收矿物过程中，螯合剂的官能团吸附于目的矿物表面，与矿物表面荷正电的金属离子形成吸附紧密且结构复杂的环状螯合物。由于螯合物的溶度积较小，螯合捕收剂能够稳固地吸附在目的矿物表面，增强其疏水性，进而达成捕收目的。

当以螯合剂——烷基二胺醚作为捕收剂时，对菱锌矿、石英和方解石具有一定的浮选分离效果[15]。烷基二胺醚能够作用于三种矿物表面，当加入硫化钠后，菱锌矿和方解石表面对捕收剂的吸附量增加。8-羟基喹啉与燃料油组合可作为螯合捕收剂应用于氧化锌矿物浮选[16]。在矿浆 pH 为 7、燃料油浓度为 0.1 g/L 的条件下，随着 8-羟基喹啉浓度升高，菱锌矿浮选回收率相应增加，当 8-羟基喹啉浓度达到 0.08 g/L 时，菱锌矿回收率达到峰值。针对四川某氧化锌矿，以硫化钠与碳酸钠为组合抑制剂、新型螯合剂 E-5 为捕收剂，开展一粗、两精、两扫、中矿返回的闭路浮选试验，最终可获得锌品位为 33.79%、锌回收率为 85.39% 的浮选指标[17]。预先对矿石进行脱泥处理后，采用有机螯合剂水杨醛肟，经水杨醛肟作用、碳酸钠调浆、十二胺捕收的浮选流程处理普洱某氧化锌矿，最终可获得锌品位为 37.07%，回收率为 73.92% 的锌精矿[18]。尽管螯合捕收剂在浮选试验中效果较好，然而由于其分子对官能团有特定要求，使得此类捕收剂存在药剂合成周期长、难度大、成本高的问题，因此目前多处于实验室研究阶段，在实际生产中的推广应用面临众多难题。

2.2.3 絮凝浮选法

在国内外氧化锌矿处理过程中，微细粒矿石的金属损失问题严重制约其高效开发利用。通过向矿浆加入絮凝剂，可使目的矿物选择性聚集成絮团，同时保持脉石矿物分散，以此实现两者分离。丙氧基巯基苯并噻唑对微细粒菱锌矿和白铅矿具有较好的絮凝—分离效果，当 pH 大于 7 时，该药剂可使白铅矿絮凝，菱锌矿分散，实现氧化铅锌矿中铅锌矿物的有效分离[19-20]。此外，在采用硫化胺法浮选氧化锌矿时，也可运用复合活化疏水聚团浮选方案。针对河南某氧化铅锌矿矿物深度氧化、原矿铅低锌高的特点，采用 CMC（羧甲基纤维素）作为絮凝剂，能够通过硫化黄药法有效地回收矿石中的锌金属[21]。针对混合铅锌矿中的硫化锌浮选尾矿，可先使用分散剂进行分散处理，然后加入 KN 高效絮凝剂，最后通过硫化胺法回收锌[22]。然而，由于氧化锌矿的矿物嵌布粒度细，表面性质差异小，选择性絮凝难度较大，并且高分子絮凝剂的开发成本高昂、难度较大，因此该方法尚未得到广泛应用[23]。

2.2.4 硫化胺浮选法

硫化胺浮选法是对矿石进行预先硫化处理，随后使用胺类捕收剂进行捕收的一种选矿方法。该工艺由 Maurice Rey 及其助手 Paul Raffiont 最早提出，他们发现脂肪族第一胺能够与铜、铅、锌反应生成络合物，但不会与钙、镁发生化学反应，因此胺可作为氧化锌、氧化铅、氧化铜矿物的捕收剂。在胺类捕收剂中，伯胺的捕收性能强于仲胺等捕收剂，这是由于伯胺的氮原子仅与一个烷基相连，其独立电子对更易与 Zn^{2+} 形成络合物[24-25]。矿浆酸碱度不同，胺类捕收剂的作用机理也存在差异。当矿浆 pH 较低时，胺类捕收剂的有效成分为胺离子（RNH_3^+），溶液中的胺离子与菱锌矿表面的碳酸根反应生成胺盐吸附在矿物表面，疏水的 R 基朝外使矿物表面疏水；当矿浆 pH 较高时，胺类捕收剂的有效成分为胺分子（RNH_2），胺分子能够以络合物或螯合物的形式吸附在菱锌矿表面，疏水的 R 基朝外使矿物上浮。在使用硫化胺浮选法回收氧化锌矿时，通常在碱性矿浆条件下进行，这是因为过剩的硫化钠不会对浮选环境产生影响[26]。目前，硫化胺浮选法是氧化锌矿的主要选矿法之一，尤其适用于脉石矿物主要为 SiO_2、$CaMg(CO_3)_2$ 和 $CaCO_3$ 的氧化锌矿，已在各个选矿厂中得到广泛应用[27]。

针对越南某含有多种脉石矿物且氧化率超过 93% 的氧化锌矿，采用新型胺类捕收剂 KZF 进行浮选回收，最终回收率达到 87.23%，锌精矿品位为 43.17%[28]。云南某难选氧化铅锌矿泥化严重且呈细粒嵌布，锌含量为 7.04%，在不进行脱泥处理且水玻璃与六偏磷酸钠用量为 2：1 作为组合分散剂的条件下，采用硫化胺浮选法，以丁黄药、醚胺盐和十八胺为组合捕收剂对目的矿物进行捕收，最终获得锌回收率为 71.02%、品位为 23.51%的锌精矿[29]。

硫化胺浮选法在工艺应用和理论研究方面相对成熟,但该工艺对矿泥和可溶性盐类矿物较为敏感,因此在实际生产中也存在一定缺点。当氧化锌矿石中目的矿物嵌布粒度较细,且含有大量云母、绢云母、绿泥石等脉石矿物时,可溶性盐类脉石矿物的溶解与矿泥的存在会显著降低胺类捕收剂的选择性[30]。入选物料中存在大量矿泥时,胺类捕收剂会吸附矿泥表面,延长泡沫寿命,导致浮选消泡困难,矿泥和目的矿物生成的大量泡沫一起上浮,使浮选作业严重跑槽,降低精矿品位。若为改善氧化锌矿的浮选环境进行预先脱泥处理,又会损失矿泥中的锌资源,无法实现锌资源的综合回收[31]。此外,胺类捕收剂溶解度较低,在高寒地区难以使用。

2.2.5 硫化黄药浮选法

与硫化胺浮选法类似,硫化黄药浮选法同样涉及硫化处理,但在药剂选择和作用机制上又存在差异。作为氧化锌矿常用的选矿方法之一,该方法是利用硫化剂对氧化锌矿表面进行预先硫化处理,使其表面生成硫化锌薄膜,进而采用黄药类捕收剂进行捕收[32]。硫化黄药浮选法具有受矿泥影响相对较小、选择性较强的优势,然而对含锌的硅酸盐类矿物回收效果欠佳[33]。

黄药是铅锌矿石浮选常用的捕收剂,但在选别氧化锌矿时,若直接用黄药对未经硫化的实际矿进行捕收,浮选效果较差。这是因为氧化锌矿物溶解度较大,黄药在菱锌矿表面吸附不稳定,易于脱落;并且当矿浆 pH>8.84 时,在浮选过程中氧化锌矿表面更易形成 $Zn(OH)_2$ 而非黄原酸锌[34]。所以,在使用黄药对矿物进行捕收前,预先硫化是必要的,这不仅能降低氧化锌矿的溶解度,而且氧化锌矿表面生成的硫化锌更易于与黄药发生作用,可使矿物表面吸附更多的黄药分子层,进一步增强矿物表面的疏水性。不过,硫化黄药浮选法对硫化钠用量的要求较为严格,硫化钠用量不足或过量均不利于氧化锌矿的后续浮选。这是由于硫化钠兼具有色金属氧化矿活化剂与硫化矿抑制剂的双重性质,用量不足时无法达到理想的活化效果,过量时则会抑制矿物的浮选。因此,该工艺需要严格控制硫化钠的用量。

与黄药直接捕收氧化锌矿相比,预先硫化可在一定程度上改善浮选效果,但直接采用"硫化黄药浮选法"回收氧化锌矿时,仍难以获得理想的浮选回收率。例如,菱锌矿硫化后直接用黄药捕收,其最大浮选回收率难以超过 60%[35]。为提高浮选指标，部分学者尝试采用矿浆加温、添加金属活化离子等方法。如使用加温硫化黄药浮选法选别菱锌矿，将矿浆加温到 50～60 ℃时，能够促进菱锌矿表面的硫化作用，同时增强捕收剂在矿物表面的吸附效果[36]。进一步研究发现，矿浆加温到 40 ℃时硫化效果较好，20 ℃与 60 ℃时硫化效果较差，这表明加温浮选对矿浆温度的控制要求较高。此外，回收菱锌矿时采用硫化钠与铜离子活化、乙基黄原酸钾捕收，硫化—铜离子活化—黄药浮选工艺流程的浮选效果优于直接硫化黄药浮选[37]。意大利的 Gorno 选厂在回收铅浮选尾矿中的锌时，于矿浆 pH 为 11、温度为 45～50 ℃的条件下进行浮选，锌品位为 6.3%的矿石经硫化、硫酸铜活化、戊基黄药捕收后，锌品位提高了 31.7%，回收率达到 76.4%[38]。

虽然矿浆加温与添加金属离子活化能够提升硫化黄药浮选法的富集效果，且该浮选技术具有药剂易获取、价格相对低廉、黄药对矿泥不敏感、不影响矿物二次富集等优点，但在实际选矿中仍存在一些缺陷。当矿石中矿泥含量较多时，需脱去-10 μm 的矿泥，这会导致部分锌资源流失；若氧化锌矿中含有大量氧化铁脉石矿物，锌资源的回收效果会变差；对于硅酸盐类氧化锌矿，其回收率较低；为改善硫化效果加入金属离子活化虽能起到一定作用，但会增加用药成本，且金属离子过量时会恶化浮选环境；硫化剂的用量需严格控制，用量不足时矿物表面硫化程度低，过量则会抑制氧化锌矿浮选。

综上所述，脂肪酸类捕收剂直接浮选法工艺简洁但适用范围有限；螯合捕收剂浮选法选择性好但药剂合成难度大；絮凝浮选法针对微细粒矿石有独特优势但开发成本高；硫化胺浮选法和硫化黄药浮选法均依赖硫化预处理，前者对矿泥敏感，后者受矿泥影响相对较小但对含锌硅酸盐类矿物回收欠佳。这些氧化锌矿浮选工艺各有利弊，在实际应用中需根据氧化锌矿的具体性质来选择合适的浮选工艺。

2.3　氧化锌矿物强化硫化浮选

在前述的氧化锌矿浮选工艺中，硫化黄药浮选法是一种经济高效回收氧化锌矿物的选矿方法，其中表面硫化环节至关重要。然而，常规表面硫化技术存在诸多问题，包括表面硫化产物含量低、硫化效率低、硫化层稳定性差、硫化钠用量较大等缺陷，致使氧化锌矿物表面疏水性不佳，浮选回收效果不理想。为了克服这些问题，最大限度地浮选回收氧化锌矿物，氧化锌矿物强化硫化浮选技术应运而生, 其通过多种手段来提高硫化效果, 进而提升浮选回收率。

2.3.1　金属离子强化硫化浮选

在浮选过程中, 由于目的矿物与脉石矿物的溶解、矿石破碎或磨矿时流体包裹体的释放、磨矿介质的损耗、人工添加药剂以及浮选回水的利用等因素, 矿浆中总会存在一定量的难免离子。这些难免金属离子具有两方面的作用: 一方面会吸附在矿物表面, 改变矿物自身原有的可浮性; 另一方面可与浮选药剂相结合, 影响药剂在矿物表面的吸附, 对目的矿物浮选产生活化或抑制作用。

难免金属离子, 如铜离子、铅离子和锌离子, 对异极矿的硫化浮选行为具有显著影响。在以黄药作为捕收剂对异极矿进行浮选回收时, 未硫化或直接经硫化钠硫化后的异极矿可浮性较差, 而添加铜离子、铅离子和锌离子对异极矿进行活化后, 矿物的可浮性得到一定程度的改善, 其中铅离子对异极矿的强化硫化效果最为显著, 且适用的 pH 范围最广[39]。研究表明, 适量的铅离子不仅能够提高异极矿的可浮性, 还可降低硫化钠的用量[40]。铅离子活化异极矿的机理主要在于铅离子能够吸附在异极矿表面, 增加硫化活性位点。当加入硫化钠后, 可迅速生成硫化铅, 并对后续硫化铅的形成起诱导结晶作用, 促使其表面生成更多硫化铅晶体, 从而实现强化硫化。矿浆 pH 区间以及金属离子水解后荷正电组分的浓度对金属离子活化氧化锌矿物的能力有显著影响。由于铅离子组分中荷正电组分在较宽泛的 pH 区间内具有更高的浓度, 因此其活化能力强于铜离子和锌离子。在硫化后添加铜离子、铅离子、锌离子, 同样可提升菱锌矿和异极矿的可浮性, 其中铅离子的活化能力强于铜离子和锌离子[41]。经硫化钠处理后的氧化锌矿物, 其表面硫化锌组分难以有效改善黄原酸盐在矿物表面的吸附效果。而添加铅离子后, 铅离子会以离子或羟基络合物形式与硫化矿物表面相互作用, 形成高活性硫化铅, 进而促进后续捕收剂作用, 提高矿物表面疏水性。

2.3.2　铵盐强化硫化浮选

在使用硫化钠对铜铅锌氧化矿物进行直接硫化浮选时, 由于硫化效果不佳, 矿物可浮性较低、回收率不高。而在菱锌矿硫化浮选过程中, 加入不同类型的无机铵盐 (NH_4Cl、$(NH_4)_2SO_4$、$(NH_4)_2CO_3$、NH_4HCO_3) 均能够改善矿物表面的硫化过程。铵盐促进菱锌矿硫化浮选的原因在于, 其可增加矿物表面锌离子的溶解程度, 促使矿浆溶液中生成更多硫化锌沉淀并吸附在矿物表面, 进而增强矿物表面硫化程度[42]。通过飞行时间二次离子质谱和 X 射线光电子能谱对菱锌矿表面生成的硫化层进行表征后发现，铵盐能够增加矿物表面硫化层的厚度，这归因于铵盐对菱锌矿表面处理后，可促进硫离子与矿物表面碳酸根离子的交换反应[43]。从经典化学反应角度解释铵盐强化硫化浮选菱锌矿的机理为：溶液中的锌氨络合物能与矿物表面的羟基组分发生脱水反应，导致矿物表面锌位点数量增加，有利于硫组分在矿物表面吸附，从而促使矿物表面生成更多硫化锌组分[44]。由此可见，铵盐可促进氧化锌矿物表面溶解，溶解的锌离子能以锌氨络离子的形式再次吸附在矿物表面，增加矿物表面的活性位点，为硫离子吸附创造条件；同时，溶解的锌离子与硫离子生成沉淀并吸附在矿物表面，从而增加矿物表面硫化锌组分的含量。此外，在硫化前加入铜铵离子对菱锌矿进行表面改性，改性后的菱锌矿表面更有利于硫组分的吸附，矿物的可浮性得到进一步提高，在最佳药剂制度下，菱锌矿浮选回收率接近 85%[45]。

2.3.3 其他强化硫化浮选

经硫化后的氧化锌矿物表面会产生类似于硫化锌的物质，然而新生成的硫化锌结晶程度较差，故而硫化后直接采用黄药浮选效果不佳。除了金属离子和铵（胺）盐外，还有其他途径可以实现氧化锌矿物表面的强化硫化。氟离子已被证实可用于异极矿表面改性，以增加异极矿表面硫化物活性点位。经氟离子表面改性后的异极矿可浮性强于未改性的异极矿，矿物回收率可提高 3%～5%，活化剂（硫化钠和铅离子）用量可降低 10%以上[46]。此外，磺基水杨羟肟酸也可用作异极矿的硫化促进剂[47]。矿浆溶液中的磺基水杨羟肟酸离子会作用于异极矿表面并破坏其表面结构，促进疏水薄膜的形成，从而增强异极矿表面疏水性。在直接硫化时，异极矿表面的硫化锌薄膜厚度约有 41.78 nm，采用磺基水杨羟肟酸活化硫化后，其薄膜厚度可达到 418.19 nm。与常规硫化浮选法相比，预先添加磺基水杨羟肟酸可使异极矿回收率提升约 50%，若再加入铅离子辅助活化，浮选回收率可进一步提高。综上所述，目前的强化硫化浮选方法在一定程度上改善了氧化锌矿的浮选效果，但仍面临诸多挑战。未来研究可聚焦于开发更高效、环保且经济的强化硫化药剂，深入探究不同强化手段的协同作用机制，以及将这些技术更好地应用于复杂氧化锌矿的实际选矿过程中，以推动氧化锌矿选矿技术的进一步发展。

目前，硫化浮选法是处理氧化锌矿最为常用的矿物加工方法。依据捕收剂的差异，可将硫化浮选法分为"硫化胺浮选法"和"硫化黄药浮选法"。前者在处理氧化锌矿时虽能获取较好的浮选指标，但极易受矿泥影响，难以在实际生产中应用。尽管可借助预先脱泥技术改善浮选流程，然而矿泥中的目的矿物无法回收，导致锌金属大量损失。后者受矿泥影响相对较弱，有利于锌资源的综合回收。因此，深入探究"硫化黄药浮选法"对于攻克氧化锌矿工业生产中的"瓶颈"难题意义重大。硫化是硫化黄药浮选法的关键环节，其中表面硫化是目前硫化预处理氧化锌矿物最为常用且经济的工艺，然而该技术存在硫化不充分、硫化效率低、硫化层在搅拌过程中易脱落、硫化产物在氧化体系易"衰变"等缺点。因此，改善矿物表面硫化效果对于氧化锌矿物的浮选回收极为关键。本书选取典型的氧化锌矿物——菱锌矿为研究对象，运用铵盐活化、铜离子活化、铅离子活化、铜铅双金属离子活化、铜铵协同活化等手段改善菱锌矿的硫化浮选行为，系统探究不同活化体系中菱锌矿强化硫化浮选机制，旨在为实现氧化锌矿的高效硫化浮选回收提供理论与技术支撑。

参 考 文 献

［1］张国范，崔萌萌，朱阳戈，等. 水玻璃对菱锌矿与石英浮选分离的影响. 中国有色金属学报，2012，22（12）：3535-3541.

［2］Irannajad M，Ejtemaei M，Gharabaghi M. The effect of reagents on selective flotation of smithsonite-calcite-quartz. Minerals Engineering，2009，22（9-10）：766-771.

［3］冯其明，张国范. 氧化锌矿原浆浮选新技术. 中国基础科学，2011，13（1）：25-27.

［4］冯程，祁忠旭，孙大勇，等. 氧化锌矿选矿技术现状与进展. 矿业研究与开发，2019，39（9）：105-109.

［5］罗利萍，徐龙华，巫侯琴，等. 氧化锌矿物的表面性质与浮选关系研究综述. 金属矿山，2020，528（6）：24-30.

［6］李明晓，刘殿文，张文彬. 矿泥对某氧化锌矿石浮选指标的影响. 昆明理工大学学报（理工版），2010，35（5）：7-9.

［7］刘忠义. 金属离子对菱锌矿和方解石分散行为的影响研究. 徐州：中国矿业大学，2019.

［8］杨柳毅. 原生矿泥对云南某高铁泥化氧化锌矿浮选的影响. 矿冶工程，2018，38（6）：68-70.

［9］Wei Y，Sandenbergh R F. Effects of grinding environment on the flotation of Rosh Pinah complex Pb/Zn ore. Minerals Engineering，2007，20（3）：264-272.

［10］王洪岭. 氧化锌浮选的新型捕收剂研究. 长沙：中南大学，2010.

［11］蒲雪丽. 云南某低品位氧化锌矿浮选试验研究. 昆明：昆明理工大学，2008.

［12］Hosseini S H，Forssberg E. Adsorption studies of smithsonite flotation using dodecylamine and oleic acid. Minerals & Metallurgical Processing，2006，23（2）：87-96.

［13］Bulatovic S M. Handbook of Flotation Reagents. Amsterdam：Elsevier，2007.

［14］Somasundaran P. Solution Chemistry：Minerals and Reagents. Amsterdam：Elsevier，2006.

［15］Somasundaran P，Nagaraj D R. Chemistry and applications of chelating agents in flotation and flocculation. Reagents in Mineral Industry，1984：209-219.

［16］Bustamante H A. The Flotation of Zinc Oxide Minerals with Chelating Agents. London：Imperial College London，1979.

［17］邱允武，周怡玫，汤小军，等. 新型螯合捕收剂 E-5 浮选氧化锌的研究. 有色金属（选矿部分），2007，（4）：43-46+37.

［18］汪伦，冷娥，毕兆鸿. 有机螯合剂在氧化锌矿浮选中的应用研究. 昆明理工大学学报，1998，（2）：27-30.

［19］Marabini A，Cozza C. A new technique for determining mineral-reagent chemical interaction products by transmission IR spectroscopy：cerussite-xanthate system. Colloids and Surfaces，1988，33：35-41.

［20］Marabini A M，Ciriachi M，Plescia P，et al. Chelating reagents for flotation. Minerals Engineering，1988，20（10）：35-41.

［21］韩文静. 絮凝浮选氧化铅锌矿的理论与实践. 中国矿山工程，2011，40（1）：22-24.

［22］于正华，肖骏，董艳红，等. 选择性絮凝浮选法处理某低品位硫氧混合铅锌矿选矿试验研究. 湖南有色金属，2014，30（4）：5-9.

［23］Zhu Y，Sun C，Wu W. A new synthetic chelating collector for the flotation of oxidized-lead mineral. Journal of University of Science and Technology Beijing，2007，（1）：9-13.

［24］毛素荣，杨晓军，何剑，等. 氧化锌矿浮选现状及研究进展. 国外金属矿选矿，2007，44（4）：4-6.

［25］Salum M J G，Dearaujo A C，Peres A E C. The role of sodium sulphide in amine flotation of silicate zinc minerals. Minerals Engineering，1992，5（3-5）：411-419.

［26］胡岳华，王淀佐. 烷基胺对盐类矿物捕收性能的溶液化学研究. 中南矿冶学院学报，1990，（1）：31-38.

［27］张祥峰. 异极矿浮选理论与工艺研究. 长沙：中南大学，2012.

［28］王宏菊，刘全军，皇甫明柱，等. 越南某氧化锌矿浮选试验研究. 矿冶，2010，19（2）：

28-30.

[29] 李来顺，刘三军，朱海玲，等. 云南某氧化铅锌矿选矿试验研究. 矿冶工程，2013，33（3）：69-73.

[30] 胡熙庚，黄和慰. 浮选理论与工艺. 长沙：中南工业大学出版社，1991.

[31] 李明晓，刘殿文，张文彬. 氧化锌矿处理方法的研究现状. 矿山机械，2010，38（22）：7-13.

[32] 张国范，蒋世鹏，冯其明，等. 溶液体系中含锌矿物表面硫化研究. 中南大学学报（自然科学版），2017，48（4）：851-859.

[33] 罗云波，石云良，刘苗华，等. 氧化锌矿浮选研究现状与进展. 铜业工程，2013，（4）：21-25.

[34] 张松. 铅离子改性诱变硫化黄药浮选菱锌矿的机理研究. 昆明：昆明理工大学，2020.

[35] Feng Q，Wen S. Formation of zinc sulfide species on smithsonite surfaces and its response to flotation performance. Journal of Alloys and Compounds，2017，709：602-608.

[36] Ejtemaei M，Irannajad M，Gharabaghi M. Influence of important factors on flotation of zinc oxide mineral using cationic，anionic and mixed（cationic/anionic）collectors. Minerals Engineering，2011，24（13）：1402-1408.

[37] Janusz W，Szymula M，Szczypa J. Flotation of synthetic zinc carbonate using potassium ethylxanthate. International Journal of Mineral Processing，1983，11（2）：79-88.

[38] 王聪兵，郑永兴，陈禄政，等. 氧化铅锌矿选矿工艺现状与进展. 价值工程，2017，36（24）：128-130.

[39] 张国范，张凤云. 浮选过程中金属离子对异极矿硫化的影响. 中南大学学报（自然科学版），2017，48（7）：1689-1696.

[40] 黄裕卿，邓荣东，印万忠，等. 黄药体系下铅离子诱导异极矿强化硫化浮选及其机理. 中国有色金属学报，2020，30（9）：2224-2233.

[41] 蒋世鹏，张国范，常永强，等. 金属离子对菱锌矿硫化浮选影响研究. 有色金属（选矿部分），2016，（2）：23-28.

[42] Wu D，Ma W，Wen S，et al. Contribution of ammonium ions to sulfidation-flotation of smithsonite. Journal of the Taiwan Institute of Chemical Engineers，2017，78：20-26.

[43] Bai S，Li C，Fu X，et al. Characterization of zinc sulfide species on smithsonite surfaces during sulfidation processing：effect of ammonia liquor. Journal of Industrial and Engineering Chemistry，2018，61：19-27.

[44] Feng Q，Wen S，Bai X，et al. Surface modification of smithsonite with ammonia to enhance the formation of sulfidization products and its response to flotation. Minerals Engineering，

2019，137：1-9.

［45］Zhao W，Wang M，Yang B，et al. Enhanced sulfidization flotation mechanism of smithsonite in the synergistic activation system of copper-ammonium species. Minerals Engineering，2022，187：107796.

［46］Xing D，Huang Y，Lin C，et al. Strengthening of sulfidization flotation of hemimorphite via fluorine ion modification. Separation and Purification Technology，2021，269：118769.

［47］Zuo Q，Yang J，Shi Y，et al. Activating hemimorphite using a sulfidization-flotation process with sodium sulfosalicylate as the complexing agent. Journal of Materials Research and Technology，2020，9（5）：10110-10120.

第3章　氧化锌矿物硫化浮选理论

硫化是硫化黄药浮选法的关键环节，其中表面硫化是当前针对金属氧化锌矿物进行硫化预处理时最为常用且经济的工艺。因此，首先需要深入探究氧化锌矿物与硫组分之间的相互作用构型、历程以及产物等，进而揭示硫化体系中氧化锌矿物表面的硫化特性与浮选机理。

3.1　硫组分的分布规律

硫化浮选法的关键在于矿物表面的硫化过程，而硫化钠作为常用的硫化剂，其在水溶液中的硫组分分布规律对氧化锌矿物的硫化效果有着重要的影响。硫化钠是一种强碱弱酸盐，在水溶液中会发生水解反应，其具体过程如下所示[1-3]：

$$Na_2S \rightleftharpoons 2Na^+ + S^{2-} \tag{3.1}$$

$$S^{2-} + H_2O \rightleftharpoons HS^- + OH^- \qquad K_{A1} = 10^{-0.1} \tag{3.2}$$

$$HS^- + H_2O \rightleftharpoons H_2S + OH^- \qquad K_{A2} = 10^{-7} \tag{3.3}$$

由上述水解反应可知，硫化钠的水解过程会使溶液呈碱性。此外，

$$K_{A1} = \frac{[HS^-][OH^-]}{[S^{2-}]} \tag{3.4}$$

$$K_{A2} = \frac{[H_2S][OH^-]}{[HS^-]} \tag{3.5}$$

基于上述水解反应，可进一步推导出硫化钠在水溶液中硫组分的分布规律。由于溶液中的硫分别以 S^{2-}、HS^-、H_2S 三种形式存在，因此，在水溶液体系中总硫浓度可表示为

$$[S_T] = [S^{2-}] + [HS^-] + [H_2S] \tag{3.6}$$

其中，定义

$$a_0 = \frac{[S^{2-}]}{[S_T]} \tag{3.7}$$

$$a_1 = \frac{[HS^-]}{[S_T]} \tag{3.8}$$

$$a_2 = \frac{[H_2S]}{[S_T]} \tag{3.9}$$

另外，
$$[OH^-] = 10^{pH-14} \tag{3.10}$$

综合式（3.2）～式（3.10）可得

$$a_0 = \frac{1}{1 + 10^{13.9-pH} + 10^{20.9-2pH}} \tag{3.11}$$

$$a_1 = 10^{13.9-pH} a_0 \tag{3.12}$$

$$a_2 = 10^{20.9-2pH} a_0 \tag{3.13}$$

依据式（3.1）～式（3.13），可计算得到硫化钠溶液中 S^{2-}、HS^- 和 H_2S 在不同 pH 条件下的分布系数，如图 3.1 所示。

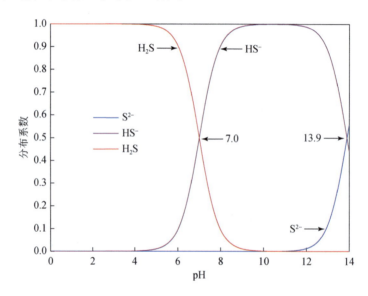

图 3.1　硫化钠在水溶液中硫组分的分布系数与 pH 的关系

由图 3.1 可看出，在不同的 pH 条件下，硫化钠以不同的硫组分形式存在。当 7.0＜pH＜13.9 时，主要以 HS^- 形式与矿物表面进行作用；当 pH＜7.0 和 pH＞13.9 时，H_2S 和 S^{2-} 分别为硫组分在溶液中的优势组分。由此可见，硫组分分布规律因 pH 而异，而 pH 又与氧化锌矿物的硫化效果紧密相关。结合氧化锌矿的浮选行为与 pH 关系可知，在 pH 为 10 左右时浮选效果最佳，此时 HS^- 起到主导作用，HS^- 与氧化锌矿物表面产生强烈的相互作用，促使氧化锌矿物表面生成硫化锌产物，从而提升矿物表面的反应活性，有利于矿物表面与捕收剂之间的相互作用。

3.2　氧化锌矿物硫化浮选行为

为探究硫化钠浓度对菱锌矿硫化浮选的影响，对硫化钠浓度与菱锌矿浮选回收率间的关系进行了研究，所得结果如图 3.2 所示。由图可知，矿浆溶液中硫化钠浓度对菱锌矿浮选回收率具有重要的影响。在黄药浓度为 $4×10^{-4}$ mol/L 的条件下，当硫化钠浓度处于较低水平时，菱锌矿的浮选回收率偏低。这主要归因于矿浆溶液中硫组分含量较低，无法使菱锌矿表面充分硫化。随着硫化钠用量的逐步递增，矿浆溶液中硫组分含量相应增多，致使矿物表面硫化效果得以增强，进而促使菱锌矿浮选回收率逐渐上升。当硫化钠浓度处于 $6×10^{-4}$～$8×10^{-4}$ mol/L 区间时，菱锌矿浮选回收率达到峰值。此后，随着硫化钠浓度持续增加，菱锌矿浮选回收率呈现下降趋势。这是由于矿浆溶液中出现过剩硫离子，这些荷负电的硫组分会对黄原酸根离子在矿物表面的吸附产生抑制作用，从而削弱矿物表面的疏水性。当黄药浓度提升至 $8×10^{-4}$ mol/L 后，菱锌矿浮选回收率在整个硫化钠浓度范围内呈现增长趋势。这是因为矿浆溶液中黄原酸盐浓度升高，不仅能够在硫化钠浓度较低时充分吸附于未硫化的菱锌矿表面，促进矿物表面疏水化，而且在硫化钠浓度较高时可与矿浆溶液中的硫离子发生竞争吸附，使得更多黄原酸盐得以吸

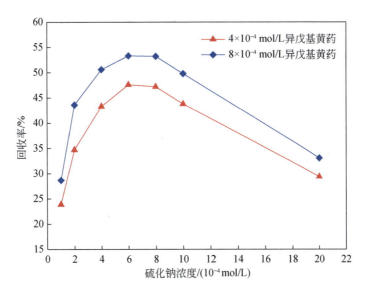

图 3.2　硫化钠浓度与菱锌矿浮选回收率的关系

附在矿物表面，进而提升菱锌矿的可浮性。由此可见，增加矿浆溶液中黄药浓度对菱锌矿浮选回收具有积极促进作用。

在明确了硫化钠浓度对菱锌矿浮选回收率的影响后，黄药作为另一个关键因素，其浓度变化同样会对菱锌矿的浮选行为产生重要影响。为探究黄药浓度对菱锌矿硫化浮选的影响，对菱锌矿浮选回收率随黄药浓度的变化规律进行了研究，结果如图 3.3 所示。从图中结果可知，采用黄药对菱锌矿进行直接捕收时，菱锌矿的浮选回收率处于较低水平。即便随着黄药浓度的增加，菱锌矿浮选回收率仅有略微提升，当黄药浓度高达 $1×10^{-3}$ mol/L 时，菱锌矿的浮选回收率仅为 22.4%。黄药直接浮选回收菱锌矿可浮性较差的原因主要包括以下两方面：一方面，菱锌矿具有较高的溶解特性和较强的亲水性，在矿浆溶液中会溶解出大量锌离子，添加的黄药会优先与溶液中的锌离子发生反应，从而导致大量黄药组分被溶解的锌离子消耗，直接降低了捕收剂的有效浓度；另一方面，由于菱锌矿表面处于溶解动态平衡状态，表面不稳定，即便黄药组分吸附在菱锌矿表面，也难以稳定存在，会有大量黄原酸盐产物从矿物表面脱落。因此，菱锌矿采用黄药直接捕收时，其浮选回收率较低。

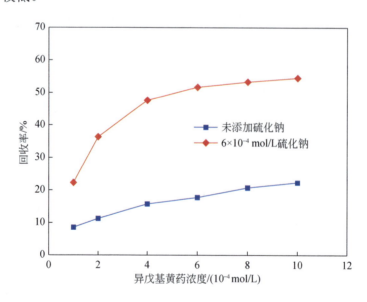

图 3.3　黄药浓度与菱锌矿浮选回收率的关系

基于上述情况，采用硫化钠对菱锌矿进行预处理，使其表面转化为更为稳定的硫化物表面，随后采用类似于浮选硫化矿的方法对其进行捕收。如图 3.3 所示，与黄药直接浮选结果相比，硫化钠的加入显著提高了菱锌矿的浮选回收率，且随着捕收剂浓度的增大，菱锌矿浮选回收率逐渐升高。这是由于矿浆溶液中黄药组分含量越高，与菱锌矿颗粒表面接触的概率越大，矿物表面疏水性越强。因此，可通过优化矿浆溶液中捕收剂的用量来适当改善菱锌矿的可浮性。

3.3　氧化锌矿物表面硫化特性

浮选是发生在固液界面的反应，通过添加浮选药剂能够调控矿物表面特性以及浮选溶液化学性质。矿物表面电性的变化是描述矿物与浮选药剂相互作用的关键参数，Zeta 电位测定可用于表征矿物与浮选药剂反应前后矿物表面电性的变化情况。因此，本研究借助 Zeta 电位测定技术探究硫化钠与菱锌矿表面的相互作用及其对黄药吸附的影响。由图 3.4 可以发现，菱锌矿的等电点为 pH 7.9，在整个测定的 pH 范围内呈下降趋势，与文献研究结果相近[4-6]。当 pH<7.9 时，菱锌矿表面荷正电，带负电的浮选药剂（如硫化钠、黄药等）能够以静电吸附的方式与菱锌矿表面发生作用；当 pH>7.9 时，菱锌矿表面荷负电，带负电的浮选药剂无法通过静电吸附的方式与矿物表面作用。与加入硫化钠之前相比，当矿浆溶液中加入硫化钠后，在整个测定的 pH 范围内菱锌矿表面 Zeta 电位均降低，且此时等电点降至 pH 6.1，这表明硫化钠在菱锌矿表面发生了吸附作用。

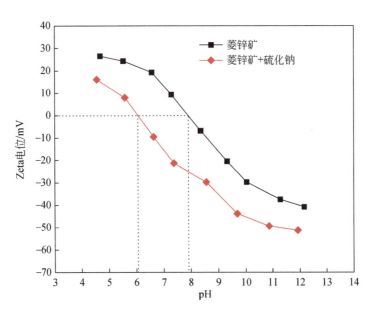

图 3.4　菱锌矿硫化前后矿物表面 Zeta 电位与 pH 的关系

3.4　氧化锌矿物表面硫化产物解析

1. XPS 分析

X 射线光电子能谱技术（XPS）能够对矿物与浮选药剂作用前后表面元素进行定性和定量分析。为探究硫化钠与菱锌矿的作用机制，精确识别菱锌矿表面生成的硫化产物，本研究利用 XPS 对菱锌矿硫化前后矿物表面的元素组成及化学态展开了详细的研究。

由图 3.5 及表 3.1 可知，在菱锌矿硫化之前，矿物表面未检测到 S 元素，C1s、O1s、Zn2p 的原子浓度分别为 17.96%、60.97%、21.07%。当经硫化钠处理后，矿物表面出现 S 的信号峰，其含量为 3.86%，这一现象表明硫化钠与菱锌矿表面发生了化学反应，生成了含硫组分。与硫化前相比，硫化后菱锌矿表面 C1s 和 O1s 的原子浓度分别降低至 16.88% 和 57.32%，而 Zn2p 的原子浓度升高至 21.94%。这一变化归因于菱锌矿表面生成硫化锌组分后，表层碳酸锌组分的相对含量减少。由于硫化锌中锌的理论含量高于碳酸锌中锌的理论含量，所以在菱锌矿硫化后，矿物表面碳和氧的含量降低，而锌的含量升高。

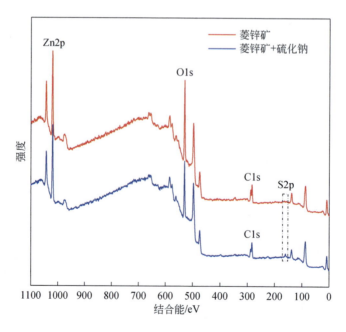

图 3.5　菱锌矿硫化前后矿物表面 XPS 全谱图

表 3.1　菱锌矿硫化前后矿物表面的原子浓度

硫化条件	原子浓度/%			
	C1s	O1s	Zn2p	S2p
硫化前	17.96	60.97	21.07	—
硫化后	16.88	57.32	21.94	3.86

注：—表示不适用，下同。

　　为深入地对比研究菱锌矿的表面硫化特性，本研究对其硫化前后矿物表面的 C1s、O1s、Zn2p、S2p 谱进行了分峰处理，以获取更详细的信息。如图 3.6 所示，无论菱锌矿是否硫化，矿物表面 C1s 谱均由三个谱峰构成，其中，结合能为 284.80 eV 和 286.30 eV 的 C1s 谱峰归属于有机污染碳，在计算矿物表面元素的原子浓度时未予计入；而结合能为 289.83 eV 和 289.94 eV 的 C1s 谱峰对应于菱锌矿碳酸根基团中的碳[7-8]。与硫化前相比，菱锌矿硫化后矿物表面碳酸根中的碳在 C1s 谱图中所包围的面积减小，这一结果进一步证实了硫化后菱锌矿表面生成了硫化锌组分。

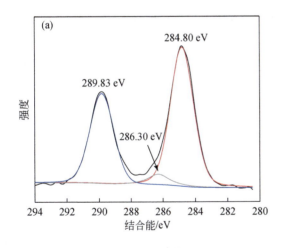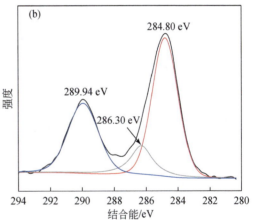

图 3.6　菱锌矿硫化前后矿物表面 C1s 谱图

(a) 硫化前；(b) 硫化后

　　图 3.7 为菱锌矿硫化前后矿物表面 O1s 谱图。在菱锌矿硫化前 [图 3.7 (a)]，矿物表面 O1s 谱由两个谱峰组成，结合能为 531.51 eV 处的 O1s 谱峰可能源于—Zn—O 组分中的氧，而结合能为 532.39 eV 处的 O1s 谱峰可能来自—OH 组分中的氧[9-10]。这是由于在矿浆溶液中，菱锌矿表面的锌离子会发生水解，生成一系列 $Zn(OH)_m^{n+}$ 组分，从而导致矿物表面亲水性增强，可浮性下降。与硫化前相比，经硫化钠处理后，矿物表面—OH 组分中 O1s 的结合能发生了较大偏移，且该组分所包围的

面积也有所减少,这表明菱锌矿表面硫化后,矿物表面—OH 组分的含量降低,这一变化有利于菱锌矿疏水上浮。

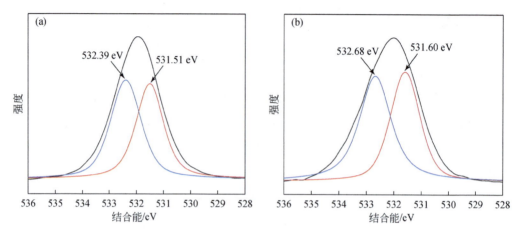

图 3.7　菱锌矿硫化前后矿物表面 O1s 谱图

(a) 硫化前;(b) 硫化后

图 3.8(a)为菱锌矿硫化前矿物表面 Zn2p 谱图,从中可以观察到,Zn2p 谱由 Zn2p$_{1/2}$ 和 Zn2p$_{3/2}$ 双峰组成,且这两个峰成对出现,具有相同的化学性质,属于菱锌矿本体中的锌[11]。当菱锌矿硫化后,Zn2p 的结合能未发生明显偏移,这说明硫组分在矿物表面吸附对 Zn2p 谱峰的影响较小。

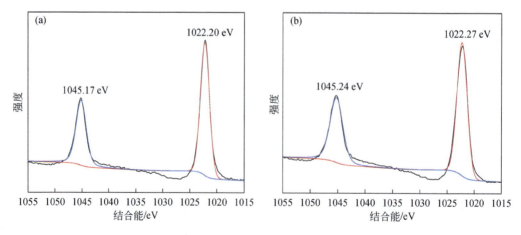

图 3.8　菱锌矿硫化前后矿物表面 Zn2p 谱图

(a) 硫化前;(b) 硫化后

前面研究结果表明硫化钠能够在菱锌矿表面吸附,并在矿物表面生成硫化锌组分。硫元素是硫化产物的关键组成部分,通过对 S2p 谱图的解析,能够明确硫化产物中硫的具体存在形式及其分布情况，从而明晰菱锌矿表面硫化产物的特性。因此，为进一步查明菱锌矿表面硫化产物的具体组成，对菱锌矿硫化前后矿物表面 S2p XPS 谱进行了解析，结果见图 3.9 和表 3.2。如图 3.9 所示，将 S2p 谱拟合为两对 $S2p_{1/2}$ 和 $S2p_{3/2}$ 双峰，结合能为 161.60 eV 的 S2p 谱峰归属于硫化物（S^{2-}）中的硫，结合能为 163.84 eV 的 S2p 谱峰归属于多硫化物（S_n^{2-}）中的硫[12-14]，其中 S^{2-} 占总硫的比例为 77.98%，S_n^{2-} 占总硫的比例为 22.02%，即菱锌矿表面生成的硫化锌组分由硫化锌（ZnS）和多硫化锌（ZnS_n）共同组成。金属硫化矿表面的轻微氧化有利于矿物疏水上浮，而菱锌矿表面的多硫化物正是硫离子轻微氧化的产物，因此，矿物表面多硫化物的生成能够提高菱锌矿表面反应活性，促进浮选回收。

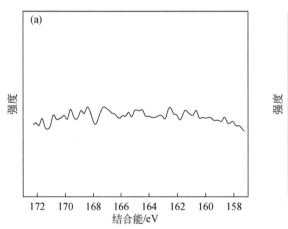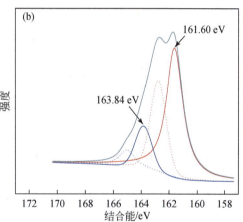

图 3.9 菱锌矿硫化前后矿物表面 S2p 谱图

（a）硫化前；（b）硫化后

表 3.2 菱锌矿硫化前后矿物表面 S2p 谱峰的结合能和相对含量

硫化条件	组分	$S2p_{3/2}$ 结合能/eV	组分分布/%
硫化前	S^{2-}	—	—
	S_n^{2-}	—	—
硫化后	S^{2-}	161.60	77.98
	S_n^{2-}	163.84	22.02

综上所述，通过 XPS 对菱锌矿硫化前后表面元素组成及化学态的详细分析，明确了硫化过程中各元素的变化规律，证实了硫化锌组分的生成以及其对矿物

表面碳酸锌和羟基组分的影响。这些结果为深入理解氧化锌矿物表面硫化机制提供了重要依据，也为后续研究如何进一步调控硫化过程以提高浮选效果奠定了基础。

2. ToF-SIMS 表征

为了进一步从微观层面深入了解硫化产物在矿物表面的分布情况，本研究采用飞行时间二次离子质谱（ToF-SIMS）技术对菱锌矿与硫化钠作用前后进行表面分析。ToF-SIMS 作为一种前沿的表面分析手段，能够对菱锌矿与硫化钠作用前后进行表面分析，从而获取有关表面成分及二次离子图像的信息，并与 XPS 分析相互补充，有助于更全面地揭示氧化锌矿物表面硫化产物的特性。同时，借助该设备的"离子溅射—深度剖析—二次离子收集—3D 成像"功能，能够对菱锌矿表面生成的硫化产物进行深度剖析，并运用 3D 重构功能，对矿物表面硫化产物的目标组分进行 3D 成像，从而获得目标组分的空间分布图[15-16]。

首先，对菱锌矿硫化前后矿物表面 CO_3^-、Zn^+、S^- 和 S_2^- 离子的 ToF-SIMS 二维图像进行了对比研究，结果见图 3.10～图 3.13。由图 3.10 可知，菱锌矿硫化前后矿物表面的 CO_3^- 离子信号呈现出明显的差异，即硫化后菱锌矿表面的 CO_3^- 离子信号变弱。这是由于矿物表面吸附的硫组分覆盖在本体碳酸锌表层，导致 CO_3^- 离子的相对含量降低，故而呈现出来的信号变弱；同理，菱锌矿硫化后矿物表面 Zn^+ 离子的信号亦变弱。

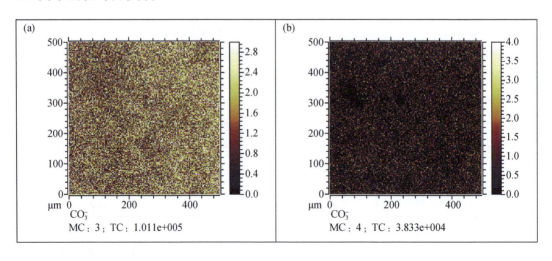

图 3.10　菱锌矿硫化前后矿物表面 CO_3^- 离子 ToF-SIMS 图像

（a）硫化前；（b）硫化后

鉴于 XPS 检测显示菱锌矿表面生成的硫化锌组分由硫化锌（ZnS）和多硫化锌（ZnS$_n$）共同组成，本研究采用 ToF-SIMS 对菱锌矿硫化后矿物表面的 S$^-$和 S$_2^-$离子分别进行检测。由图 3.12 和图 3.13 可见，菱锌矿硫化前矿物表面几乎不存在 S$^-$和 S$_2^-$离子信号，而硫化后矿物表面出现了明显的 S$^-$和 S$_2^-$离子信号，这表明硫化的菱锌矿表面确实存在 S$^-$和 S$_2^-$离子组分。并且，S$^-$离子信号强度明显高于S$_2^-$离子信号，即矿物表面的 S$^-$离子组分的含量高于 S$_2^-$离子组分的含量，这与菱锌矿硫化前后矿物表面 S2p XPS 分析结果是一致的。由此可知，矿浆溶液中的硫组分能够吸附在菱锌矿表面，且主要以硫化物（S$_2^-$）和多硫化物（S$_n^{2-}$）的形式存在。

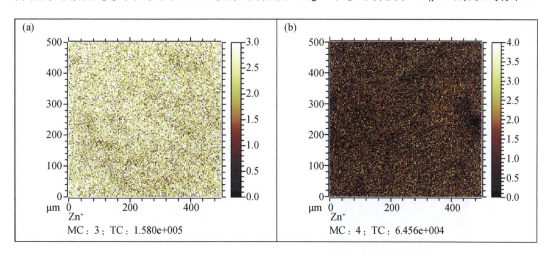

图 3.11 菱锌矿硫化前后矿物表面 Zn$^+$离子 ToF-SIMS 图像

（a）硫化前；（b）硫化后

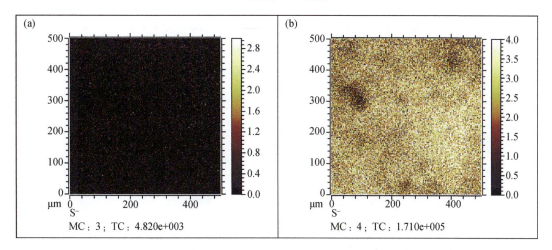

图 3.12 菱锌矿硫化前后矿物表面 S$^-$离子 ToF-SIMS 图像

（a）硫化前；（b）硫化后

为进一步查明 S⁻和 S₂⁻组分在菱锌矿表面的分布状况，尤其是在深度方向上的分布特征，对菱锌矿硫化前后矿物表面 S⁻和 S₂⁻离子进行 ToF-SIMS 深度剖析，以获取其在矿物表面的空间分布，结果见图 3.14 和图 3.15。由图 3.14（a）和图 3.15（a）可以发现，菱锌矿硫化前 S⁻和 S₂⁻离子在矿物表面无纵向分布，这表明菱锌矿样品纯度较高且未受含硫物质污染；经硫化钠处理后，菱锌矿表面形成了明显的 S⁻组分 [3.14（b）] 和 S₂⁻组分 [3.15（b）] 覆盖层，且 S⁻组分在矿物表面的分布相较于 S₂⁻组分更为致密。由此可见，菱锌矿表面硫化后，矿浆溶液中的硫组分向矿物表面发生了迁移，致使矿物表面生成了大量的硫化产物，且生成的硫化产物存在一定的空间深度。为了更直观地显示这些硫化产物在整个矿物表面（包括不同深度）的分布趋势，绘制了菱锌矿硫化前后矿物表面负离子的 ToF-SIMS 深剖曲线，如图 3.16 所示。

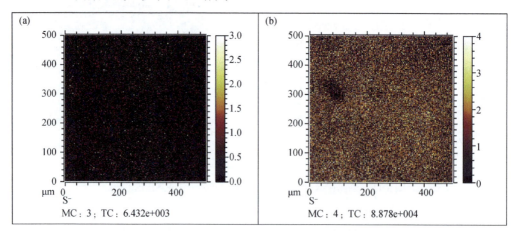

图 3.13　菱锌矿硫化前后矿物表面 S₂⁻离子 ToF-SIMS 图像

（a）硫化前；（b）硫化后

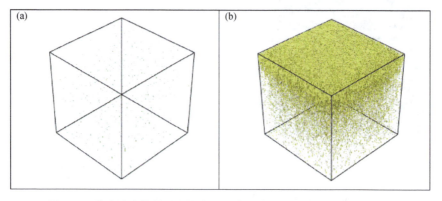

图 3.14　菱锌矿硫化前后矿物表面 S⁻离子 ToF-SIMS 深度剖析 3D 图

（a）硫化前；（b）硫化后

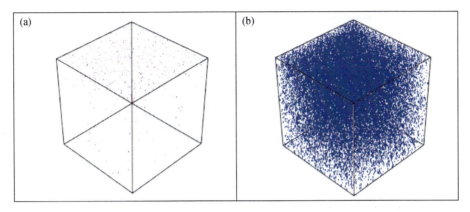

图 3.15　菱锌矿硫化前后矿物表面 S_2^- 离子 ToF-SIMS 深度剖析 3D 图

（a）硫化前；（b）硫化后

　　从图 3.16（a）可以发现，随着溅射时间的延长，矿物表面 CO_3^-、S^- 和 S_2^- 离子信号强度基本趋于平稳。这是由于在未与硫化钠作用前，菱锌矿表层仅存在 $ZnCO_3$ 组分，故 S^- 和 S_2^- 离子的强度极其微弱，CO_3^- 离子的强度亦无明显变化。深剖曲线是矿物表面的负离子从矿物表面最上层的硫化产物向下层菱锌矿本体逐渐刻蚀而得到的，因此，当菱锌矿硫化后［图 3.16（b）］，S^- 和 S_2^- 离子的强度随着溅射时间的延长而逐渐降低，直至硫化产物与下层菱锌矿本体的交界面后才趋于平稳。与 S^- 相比，S_2^- 离子的强度较弱，即菱锌矿表面硫化物（S^{2-}）的含量高于多硫化物（S_n^{2-}），这些结果充分说明菱锌矿硫化后矿物表面生成的硫化产物存在一定的厚度，且表面硫化产物以硫化物（S^{2-}）为主。

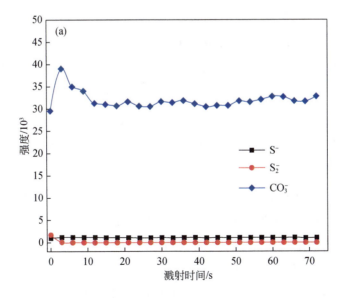

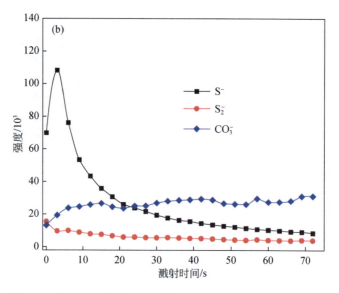

图 3.16　菱锌矿硫化前后矿物表面负离子 ToF-SIMS 深剖曲线

(a) 硫化前；(b) 硫化后

3.5　氧化锌矿物表面硫化模拟计算

为从原子、分子层面深入剖析氧化锌矿物硫化过程的微观机理，本研究针对菱锌矿表面硫化体系的电子结构与性质展开模拟计算，采用 Materials Studio 8.0 软件 CASTEP 模块中的密度泛函理论（DFT）进行[17]。在模拟计算过程中，交换关联泛函采用广义梯度近似（generalized gradient approximation，GGA）中的 PBESOL 函数，运用超软赝势（ultrasoft pseudopotentials）来描述矿物表面价电子和离子实直接的相互作用。对于矿物表面和硫组分中各原子的赝势计算，所选取的价电子分别为 Zn $3d^{10}4s^2$，C $2s^22p^2$，O $2s^22p^4$，H $1s^1$ 以及 S $3s^23p^4$，平面波截断能设置为 540 eV。在自洽场模拟计算过程中，采用 BFGS 算法对几何结构予以优化，自洽迭代收敛精度设置为 1.0×10^{-6} eV/atom，原子最大位移收敛精度设置为 1.0×10^{-3} Å，作用于每个原子上的力的收敛精度设置为 3.0×10^{-2} eV/Å。

由于（101）晶面是菱锌矿的优势解理面[18-20]，菱锌矿的表面模型通过对优化后的晶体沿（101）面进行切割而获取，以此模拟计算初始硫化阶段硫组分与矿物表面的相互作用。在菱锌矿硫化黄药浮选过程中，硫组分主要以 HS⁻ 的形式存在，故本研究在 DFT 模拟计算过程中仅考虑 HS⁻ 与菱锌矿（101）面的相互作用，其中 HS⁻ 在菱锌矿（101）面的吸附能可根据如下公式进行计算：

$$\Delta E_{ads} = E_{surface+S} - E_{surface} - E_S \tag{3.14}$$

式中，ΔE_{ads} 代表 HS$^-$ 在菱锌矿（101）面的吸附能；$E_{surface+S}$ 代表 HS$^-$ 在菱锌矿（101）面吸附后体系的总能量；$E_{surface}$ 代表 HS$^-$ 在菱锌矿（101）面吸附前矿物表面的总能量；E_S 代表 HS$^-$ 在菱锌矿（101）面吸附前硫组分的总能量。

1. HS$^-$组分在菱锌矿（101）面的吸附构型

菱锌矿属于典型的碳酸盐矿物，其化学组成是 $ZnCO_3$，晶体结构属于三方晶系，空间群为 R-3C，晶体结构参数为 a=4.6528 Å，b=4.6528 Å，c=15.025 Å，α=90°，β=90°，γ=120°。图 3.17 为菱锌矿的晶体结构和（101）面层晶模型，从中能够看出，菱锌矿晶体中 C 原子和 Zn 原子可与 O 原子配位形成碳酸根基团和 Zn—O 键，进而构建出稳定的晶体结构。通常而言，矿石需先经过破碎和磨细工序，才能实现矿石中目的矿物与脉石矿物分离。当矿石经过碎磨处理后，其中各种矿物的晶体结构会遭受破坏，并产生新生表面，而新生表面与晶体内部的结构和性质存在显著差异。由表 3.3 中的数据可以看出，菱锌矿晶体中 Zn—O 和 C—O 键的布居值分别为 0.27 和 0.92，键长分别为 2.107 Å 和 1.297 Å，由此表明菱锌矿晶体中 C—O 键相较于 Zn—O 键更为稳定，在矿物碎磨过程中，易沿着 Zn—O 键结合力薄弱处发生断裂，故新生的菱锌矿表面会暴露出大量的 Zn^{2+} 和 O^{2-} 离子[如图 3.17（b）所示]，这些组分构成了菱锌矿与浮选药剂相互作用的反应位点。

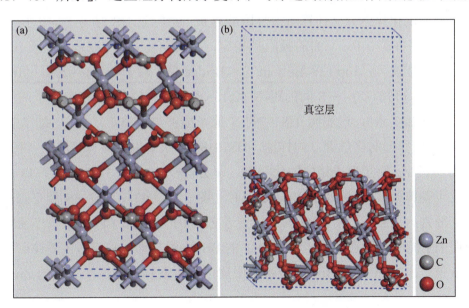

图 3.17　菱锌矿的晶体结构和（101）面层晶模型

表 3.3 理想菱锌矿晶体中键的 Mulliken 布居

键	布居	键长/Å
Zn—O	0.27	2.107
C—O	0.92	1.297

菱锌矿硫化是发生在矿物表面的反应，因此建立 HS⁻在菱锌矿（101）面的吸附构型对于探究 HS⁻在菱锌矿表面的吸附过程极为关键。图 3.18 为 HS⁻在菱锌矿（101）面三种可能的吸附构型，即 HS⁻在菱锌矿（101）面 Top 位（顶位）、Bottom 位（底位）和 Bridge 位（桥位）的 Zn 原子作用。为了更为清晰地描述矿物的表面结构，对菱锌矿（101）面表层的原子进行标号。

图 3.18（a）为 HS⁻在菱锌矿（101）面吸附前矿物的表面构型，Zn1 和 Zn2 原子分别位于菱锌矿（101）面 Top 位和 Bottom 位，添加的 HS⁻组分可能在菱锌矿（101）面 Top 位和 Bottom 位的 Zn 原子分别吸附，即 Top 位吸附 [图 3.18（b）] 和 Bottom 位吸附 [图 3.18（c）]；此外，HS⁻组分也可能与菱锌矿（101）面 Top 位的 Zn 原子和 Bottom 位的 Zn 原子同时作用，即 Bridge 位吸附 [图 3.18（d）]。由表 3.4 中的数据可以看出，HS⁻在菱锌矿（101）面 Top 位、Bottom 位和 Bridge 位 Zn 原子的吸附能分别为−605.76 kJ/mol、−652.38 kJ/mol 和−660.29 kJ/mol，这表明 HS⁻能够与菱锌矿（101）面不同位置的 Zn 原子自发地进行反应，从而在矿物表面形成硫化锌组分。计算所得吸附能越负，意味着 HS⁻越易于与矿物表面作用，HS⁻在菱锌矿（101）面的吸附越稳定，由此可见，HS⁻在菱锌矿（101）面吸附稳定性依次为：Top 位＜Bottom 位＜Bridge 位。对于 Top 位吸附，由图 3.18（b）和表 3.5 可知，Zn1—S 间的距离（2.155 Å）小于 Zn 原子和 S 原子间的原子半径之和（2.37 Å），这表明 HS⁻中的 S 原子能够与菱锌矿（101）面 Top 位的 Zn 原子形成稳定的化学键；同样地，HS⁻中的 S 原子也能够与菱锌矿（101）面 Bottom 位的 Zn 原子形成稳定的化学键，即 Zn2—S（如图 3.18c）；当 HS⁻中的 S 原子位于菱锌矿（101）面的 Bridge 位时 [图 3.18（d）]，Zn1—S 和 Zn2—S 间的距离分别为 2.390 Å 和 2.306 Å，均接近 Zn 原子和 S 原子间的原子半径之和，这说明 HS⁻能够吸附在菱锌矿（101）面的 Bridge 位，即 HS⁻能够在菱锌矿（101）面 Top 位、Bottom 位和 Bridge 位稳定吸附，使得菱锌矿表面生成新的 Zn—S 化合物。

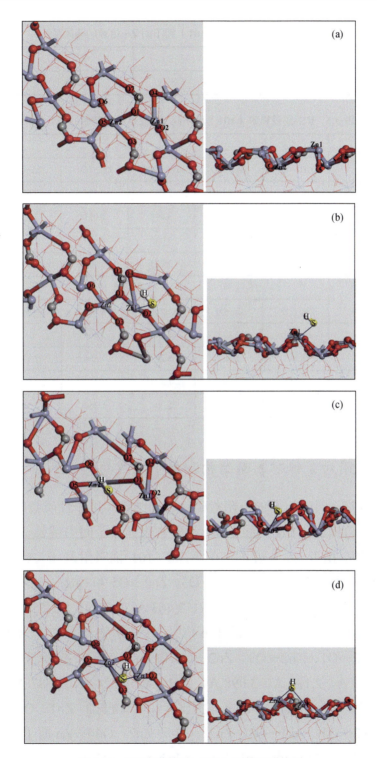

图 3.18　HS⁻在菱锌矿（101）面的吸附构型

（a）HS⁻吸附前；（b）顶位 Zn 位点吸附构型；（c）底位 Zn 位点吸附构型；（d）桥位 Zn 位点吸附构型

表 3.4　HS⁻在菱锌矿（101）面不同 Zn 位点的吸附能

吸附位点	顶位	底位	桥位
吸附能/（kJ/mol）	−605.76	−652.38	−660.29

表 3.5　HS⁻在菱锌矿（101）面不同 Zn 位点吸附前后的键长结果

吸附位点	键长/Å					
	Zn1—O1	Zn1—O2	Zn1—O4	Zn2—O1	Zn2—O3	Zn2—O5
吸附前	1.889	1.955	2.463	2.726	2.559	1.941
顶位	2.019	2.132	3.098	2.011	2.324	1.987
底位	1.893	2.058	3.002	4.462	2.902	3.652
桥位	2.040	1.965	2.733	2.008	3.162	1.854

吸附位点	键长/Å					
	Zn2—O6	C—O1	C—O7	S—H	Zn1—S	Zn2—S
吸附前	2.050	1.283	1.246	1.360	—	—
顶位	2.084	1.304	1.289	1.356	2.155	—
底位	1.944	1.294	1.324	1.372	—	2.214
桥位	2.940	1.321	1.304	1.350	2.390	2.306

2. HS⁻吸附对菱锌矿表面结构和电子性质的影响

HS⁻在菱锌矿（101）面的吸附对矿物表面结构和电子性质会产生重要影响，因此对 HS⁻在菱锌矿（101）面吸附前后矿物表面原子间的键长、键角及态密度进行了对比研究。由表 3.5 可知，HS⁻在菱锌矿（101）面吸附前，矿物表面 Zn1—O1、Zn1—O2、Zn1—O4、Zn2—O1、Zn2—O3、Zn2—O5 和 Zn2—O6 中 Zn 原子和 O 原子间的距离分别为 1.889 Å、1.955 Å、2.463 Å、2.726 Å、2.559 Å、1.941 Å 和 2.050 Å。当 HS⁻在菱锌矿（101）面 Top 位吸附后，矿物表面 Zn1—O1、Zn1—O2、Zn1—O4、Zn2—O1、Zn2—O3、Zn2—O5 和 Zn2—O6 中 Zn 原子和 O 原子间的距离变为 2.019 Å、2.132 Å、3.098 Å、2.011 Å、2.324 Å、1.987 Å 和 2.084 Å；当 HS⁻在菱锌矿（101）面 Bottom 位吸附后，矿物表面 Zn1—O1、Zn1—O2、Zn1—O4、Zn2—O1、Zn2—O3、Zn2—O5 和 Zn2—O6 中 Zn 原子和 O 原子间的距离变为 1.893 Å、2.058 Å、3.002 Å、4.462 Å、2.902 Å、3.652 Å 和 1.944 Å；当 HS⁻在菱锌矿（101）面 Bridge 位吸附后，矿物表面 Zn1—O1、Zn1—O2、

Zn1—O4、Zn2—O1、Zn2—O3、Zn2—O5 和 Zn2—O6 中 Zn 原子和 O 原子间的距离变为 2.040 Å、1.965 Å、2.733 Å、2.008 Å、3.162 Å、1.854 Å 和 2.940 Å；这些结果表明 HS$^-$ 在菱锌矿（101）面的吸附致使矿物表面 Zn 原子和 O 原子间的距离发生显著变化，即矿物表层的 Zn—O 键受到明显影响，且因 HS$^-$ 在菱锌矿（101）面吸附位的不同而存在差异。HS$^-$ 在菱锌矿（101）面吸附对碳酸根基团中 C—O 键无较大影响，这进一步证实了碳酸根基团中 C—O 键极为稳定；此外，HS$^-$ 中的 S—H 键也未发生明显变化，因此，HS$^-$ 在菱锌矿（101）面吸附主要影响了矿物表层 Zn—O 键的结构。

　　HS$^-$ 在菱锌矿（101）面吸附对矿物表层原子间的键角也会产生一定影响，表 3.6 显示了 HS$^-$ 在菱锌矿（101）面不同 Zn 位点吸附前后的键角结果。HS$^-$ 在菱锌矿（101）面吸附前，矿物表层 O1—Zn1—O2、O2—Zn1—O4、O1—Zn1—O4、O1—Zn2—O3、O3—Zn2—O5、O5—Zn2—O6、Zn1—O1—Zn2 间的键角分别为 103.463°、106.564°、61.984°、64.748°、91.104°、82.887°、123.727°。当 HS$^-$ 在菱锌矿（101）面 Top 位吸附后，矿物表层 O1—Zn1—O2、O1—Zn1—O4、O5—Zn2—O6、Zn1—O1—Zn2 间的键角分别降低了 3.110°、16.682°、2.124°、10.982°，而 O2—Zn1—O4、O1—Zn2—O3、O3—Zn2—O5 间的键角分别增加了 6.557°、5.657°、1.034°；当 HS$^-$ 在菱锌矿（101）面 Bottom 位吸附后，矿物表层 O2—Zn1—O4、O1—Zn1—O4、O5—Zn2—O6、Zn1—O1—Zn2 间的键角分别降低了 26.467°、12.938°、11.990°、37.143°，而 O1—Zn1—O2、O1—Zn2—O3、O3—Zn2—O5 间的键角分别增加了 17.941°、0.156°、18.012°；当 HS$^-$ 在菱锌矿（101）面 Bridge 位吸附后，矿物表层 O1—Zn1—O2、O2—Zn1—O4、O1—Zn1—O4、O5—Zn2—O6、Zn1—O1—Zn2 间的键角分别降低了 2.332°、30.115°、8.021°、18.001°、29.071°，而 O1—Zn2—O3、O3—Zn2—O5 分别增加了 3.961°、30.757°。HS$^-$ 在菱锌矿（101）面吸附对碳酸根基团中 O1—C—O7 间的键角无较大影响，该结果进一步表明碳酸根基团极为稳定，不参与硫化反应。

表 3.6　HS$^-$ 在菱锌矿（101）面不同 Zn 位点吸附前后的键角结果

吸附位点	键长/Å					
	O1—Zn1—O2	O2—Zn1—O4	O1—Zn1—O4	O1—Zn2—O3	O1—Zn1—O2	O2—Zn1—O4
吸附前	103.463	106.564	61.984	64.748	103.463	106.564
顶位	100.353	113.121	45.302	70.405	100.353	113.121

续表

吸附位点	键长/Å					
	O1—Zn1—O2	O2—Zn1—O4	O1—Zn1—O4	O1—Zn2—O3	O1—Zn1—O2	O2—Zn1—O4
底位	121.404	80.097	49.046	64.904	121.404	80.097
桥位	101.131	76.449	53.963	68.709	101.131	76.449

吸附位点	键长/Å					
	O3—Zn2—O5	O5—Zn2—O6	Zn1—O1—Zn2	O1—C—O7	O3—Zn2—O5	O5—Zn2—O6
吸附前	91.104	82.887	123.727	121.040	91.104	82.887
顶位	92.138	80.763	112.799	120.906	92.138	80.763
底位	109.116	70.897	86.584	117.662	109.116	70.897
桥位	121.861	64.886	94.656	116.392	121.861	64.886

  HS$^-$在菱锌矿（101）面吸附除了对矿物表层的几何结构产生影响外，还会对矿物表面原子的态密度造成一定影响。图 3.19 为 HS$^-$在菱锌矿（101）面不同 Zn 位点吸附前后 Zn 原子的态密度，其中 Zn 原子的价电子构型为 3d^{10}4s^2。费米能级附近 Zn 原子的态密度由 Zn3d 和 Zn4s 轨道组成，因此 Zn3d 和 Zn4s 轨道对菱锌矿表层 Zn 原子的反应活性贡献较大。与 HS$^-$吸附前 [图 3.19（a）] 相比，HS$^-$在菱锌矿（101）面不同 Zn 位点吸附后 Zn 原子的态密度发生了明显的变化；当 HS$^-$在菱锌矿（101）面 Top 位吸附后 [图 3.19（b）]，Zn4s 轨道的态密度降低，同时 Zn1 原子 3d 轨道的态密度向费米能级发生了明显偏移，并且新出现了多个 Zn 3d 轨道峰；当 HS$^-$在菱锌矿（101）面 Bottom 位吸附后 [图 3.19（c）]，矿物表面 Zn1 原子和 Zn2 原子的态密度均发生变化；当 HS$^-$在菱锌矿（101）面 Bridge

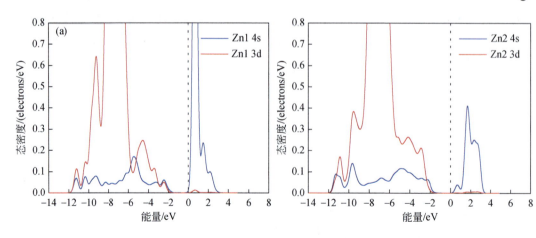

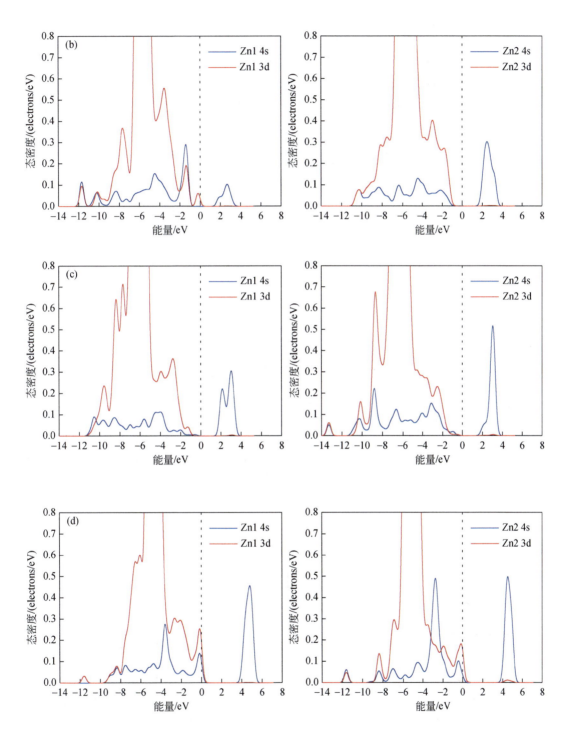

图 3.19　HS⁻在菱锌矿（101）面不同 Zn 位点吸附前后 Zn 原子的态密度

（a）HS⁻吸附前；（b）顶位 Zn 位点吸附；（c）底位 Zn 位点吸附；（d）桥位 Zn 位点吸附

位吸附后［图 3.19（d）］，矿物表面 Zn1 原子和 Zn2 原子的 3d 轨道和 4s 轨道向费米能级发生了明显的偏移，且新出现了多个 Zn3d 轨道峰；这些结果表明，HS⁻ 能够与菱锌矿表面不同的 Zn 原子发生作用，形成硫化锌组分。

HS⁻ 在菱锌矿（101）面吸附也导致了矿物表面 O 原子的态密度发生了变化，选取矿物表面 O1、O2、O6、O7 原子详细探讨 HS⁻ 在菱锌矿（101）面不同 Zn 位点吸附前后 O 原子态密度的变化。O 原子的价电子构型为 $2s^2 2p^4$，即 O 原子的态密度由 O2s 和 O2p 轨道组成，如图 3.20 所示，O2s 轨道的态密度离费米能级较远，对菱锌矿表层 O 原子的活性贡献较低。当 HS⁻ 在菱锌矿表面不同 Zn 位点吸附后，O 原子 2p 轨道的态密度向能量较高的方向偏移，而且 O1 原子轨道峰的数量减少，表明 HS⁻ 在菱锌矿（101）面吸附导致矿物表层

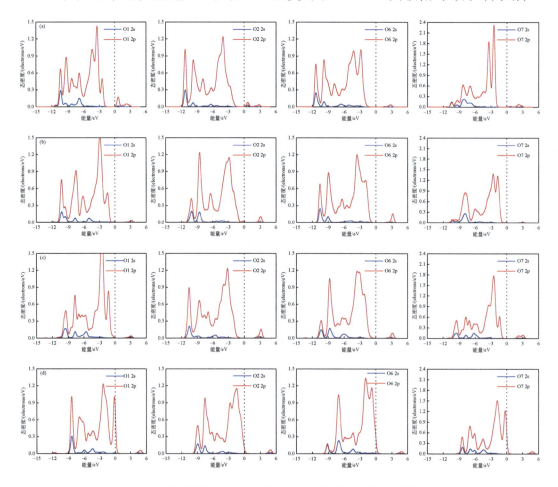

图 3.20 HS⁻ 在菱锌矿（101）面不同 Zn 位点吸附前后 O 原子的态密度

（a）HS⁻ 吸附前；（b）顶位 Zn 位点吸附；（c）底位 Zn 位点吸附；（d）桥位 Zn 位点吸附

Zn—O 和 C—O 结构更为稳定，即菱锌矿硫化后矿物表面的稳定性增强。

3. 态密度分析

先前的研究结果表明，HS⁻能够稳定吸附在菱锌矿表面，并与矿物表层的 Zn 位点作用形成硫化锌组分，即菱锌矿硫化后矿物表层形成 Zn—S 键。当 HS⁻在菱锌矿（101）面 Top 位吸附后，矿物表面形成 Zn1—S 键；当 HS⁻在菱锌矿（101）面 Bottom 位吸附后，矿物表面形成 Zn2—S 键；当 HS⁻在菱锌矿（101）面 Bridge 位吸附后，矿物表面同时形成 Zn1—S 键和 Zn2—S 键；这些研究结果说明菱锌矿表面 Zn 原子轨道上的电子能够与 HS⁻中 S 原子轨道上的电子发生重叠，从而在矿物表面生成 Zn—S 化合物。为了进一步揭示菱锌矿硫化后矿物表面 Zn—S 原子间的键合情况，对 HS⁻与菱锌矿（101）面不同 Zn 位点相互作用后的态密度展开研究，结果如图 3.21 所示。

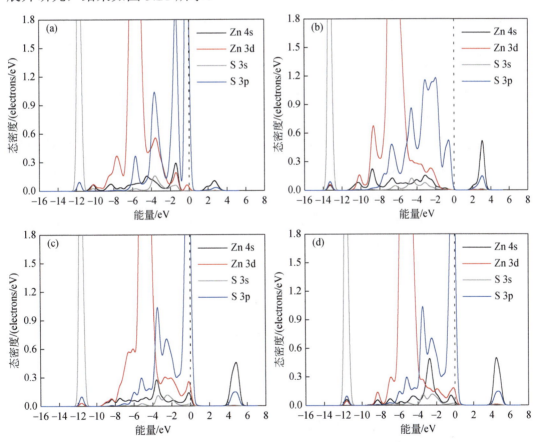

图 3.21　HS⁻与菱锌矿（101）面不同 Zn 位点相互作用后的态密度

（a）Zn1 顶位吸附；（b）Zn2 底位吸附；（c）Zn1 桥位吸附；（d）Zn2 桥位吸附

如图 3.21（a）所示，菱锌矿表面的 Zn4s 和 Zn3d 轨道与 HS⁻中的 S3p 轨道在费米能级附近(−2.5～0.5 eV)发生明显重叠，Zn3d 与 S3p 轨道在−7.0～−2.5 eV 范围内发生明显重叠，Zn4s 与 S3p 轨道在 1.5～3.5 eV 范围内发生明显重叠，该结果进一步证实了 HS⁻中的 S 原子能够与菱锌矿表面 Top 位的 Zn1 原子键合。当 HS⁻与菱锌矿表面 Bottom 位的 Zn2 原子相互作用后［图 3.21（b）］，Zn4s、Zn3d 和 S3p 轨道在−8.5～−1.5 eV 范围内发生明显重叠，且 Zn4s 和 S3p 轨道在 2.0～4.0 eV 范围内也发生了重叠，但与 Top 位吸附相比，重叠区域较少。当 HS⁻在菱锌矿表面 Bridge 位吸附后［图 3.21（c）、（d）］，费米能级附近出现明显的 Zn 原子和 S 原子态密度重叠峰，表明 Zn 原子和 S 原子间存在明显的相互作用；与 HS⁻在菱锌矿表面 Top 位和 Bottom 位吸附相比，HS⁻在菱锌矿表面 Bridge 位吸附后，Zn 原子和 S 原子的态密度整体向费米能级偏移，且 Zn 原子和 S 原子在费米能级附近态密度重叠峰的数量增加，这有利于 Zn 原子的 3d 轨道和 4s 轨道与 S 原子的 3p 轨道杂化，从而使得菱锌矿表面生成的硫化锌组分的反应活性更强。

为了能够更好地查明菱锌矿表面 Zn 原子和 HS⁻中 S 原子间的键合特性，对 HS⁻在菱锌矿（101）面不同 Zn 位点吸附前后 S 原子的态密度进行了对比研究。如图 3.22 所示，在 HS⁻吸附在菱锌矿表面前后，HS⁻中 S 原子的态密度由 S3p 轨道和 S3s 轨道组成，考虑到 S3s 距离费米能级较远，故本研究不讨论其与矿物表面 Zn4s 轨道和 Zn3d 轨道间的杂化，即 HS⁻与菱锌矿（101）面相互作用时，HS⁻中的 S3p 轨道对 S 原子的反应活性贡献较大；而且，当 HS⁻在菱锌矿（101）面不同 Zn 位点吸附后，−3.5 eV 附近的 S3p 轨道峰分裂成多个轨道峰，不仅增加了 S 原子态密度轨道峰的数量，而且拓宽了费米能级附近 S3p 轨道的分布范围，这

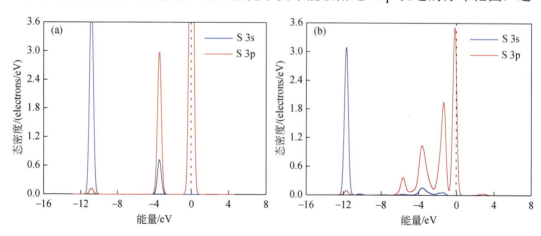

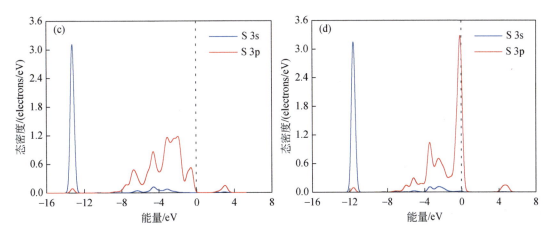

图 3.22 HS⁻ 与菱锌矿（101）面不同 Zn 位点吸附前后的 S 原子态密度

（a）HS⁻吸附前；（b）顶位 Zn 位点吸附；（c）底位 Zn 位点吸附；（d）桥位 Zn 位点吸附

有利于 S 原子与菱锌矿（101）面的 Zn4s 轨道和 Zn3d 轨道在费米能级附近发生重叠，从而增加了矿物表面硫化锌组分的含量。

4. Mulliken 电荷布居分析

Mulliken 电荷布居能够直观地对矿物与浮选药剂作用后原子间电荷的转移和分布进行分析。因此，为了能够进一步深入理解菱锌矿表面 Zn 原子和 HS⁻中 S 原子间的键合情况，对 HS⁻在菱锌矿（101）面不同 Zn 位点吸附前后键合原子的 Mulliken 电荷布居进行对比研究，结果如表 3.7 所示。由表 3.7 中的数据可知，HS⁻在菱锌矿（101）面吸附导致矿物表面键合原子的电荷发生改变，且 HS⁻在菱锌矿（101）面不同 Zn 位点吸附存在明显的电荷转移差异。

表 3.7 HS⁻在菱锌矿（101）面不同 Zn 位点吸附前后键合原子的 Mulliken 电荷布居

吸附位点	原子	s	p	d	总电荷	净电荷/e
吸附前	Zn1	0.77	0.42	9.98	11.17	0.83
	Zn2	0.55	0.47	9.97	10.99	1.01
	S	1.90	5.26	0.00	7.16	−1.16
顶位	Zn1	0.70	0.56	9.97	11.23	0.77
	Zn2	0.46	0.52	9.98	10.96	1.04
	S	1.85	4.62	0.00	6.47	−0.47
底位	Zn1	0.52	0.46	9.97	10.96	1.04
	Zn2	0.58	0.58	9.97	11.13	0.87
	S	1.86	4.49	0.00	6.35	−0.35

吸附位点	原子	s	p	d	总电荷	净电荷/e
桥位	Zn1	0.54	0.43	9.99	10.95	1.05
	Zn2	0.74	0.45	9.97	11.16	0.84
	S	1.87	4.42	0.00	6.30	−0.30

当 HS⁻在菱锌矿（101）面 Top 位吸附后，Zn1 原子的电荷由 0.83 e 降低为 0.77 e，Zn2 原子的电荷由 1.01 e 增加至 1.04 e；S 原子的电荷由−1.16 e 变为−0.47 e，且损失的电子主要源自 S3p 轨道。当 HS⁻在菱锌矿（101）面 Bottom 位吸附后，Zn1 原子的电荷从 0.83 e 升高为 1.04 e，Zn2 原子的电荷从 1.01 e 降低为 0.87 e；S 原子的电荷由−1.16 e 变为−0.35 e，损失的电子同样是来源于 S3p 轨道。当 HS⁻在菱锌矿（101）面 Bridge 位吸附后，Zn1 原子的电荷由 0.83 e 增加为 1.05 e，且损失的电子主要源自 Zn4s 轨道，即 Zn1 原子的 Zn 4s 轨道的电子从 0.77 e 变为 0.54 e；Zn2 原子的电荷从 1.01 e 降至 0.84 e，且得到的电子主要由 Zn4s 轨道贡献；S 原子的电荷从−1.16 e 变为−0.30 e，且损失的电子源自 S3p 轨道，其电子从 5.26 e 降低为 4.42 e。这些结果表明，不管 HS⁻在菱锌矿（101）面发生 Top 位吸附、Bottom 位吸附还是 Bridge 位吸附，Zn 原子和 S 原子间均有明显的电子转移，即 HS⁻能够化学吸附在菱锌矿表面。

3.6 捕收剂在氧化锌矿物表面的吸附特性

本小节首先通过 Zeta 电位测定法对硫化钠与菱锌矿表面相互作用后矿物表面的黄药吸附特性展开研究。由图 3.23 可以发现，在加入硫化钠之后，菱锌矿的等电点偏移至 pH 6.1，即 pH＞6.1 时，硫化后的菱锌矿表面荷负电，带负电的浮选药剂无法通过静电吸附的方式与矿物表面产生作用。在硫化的菱锌矿溶液中添加黄药时，矿物表面 Zeta 电位在整个测定的 pH 范围内进一步降低，这表明黄药能够以化学吸附的形式作用于硫化的菱锌矿表面。

由于每种矿物和浮选药剂分子都有独特的红外吸收光谱，所以能依据菱锌矿和黄药红外光谱中的特征波数，对不同硫化体系下硫化后的菱锌矿表面与黄药作用生成的表面疏水产物进行分析和鉴定。图 3.24 为菱锌矿、戊基黄药及其相互作用后的红外谱图。在菱锌矿的红外吸收光谱中，波数为 3443 cm⁻¹ 的谱峰可能对

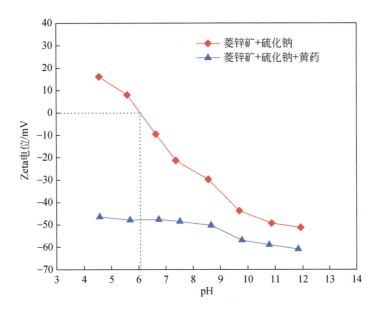

图 3.23　捕收剂作用前后硫化的菱锌矿表面 Zeta 电位与 pH 的关系

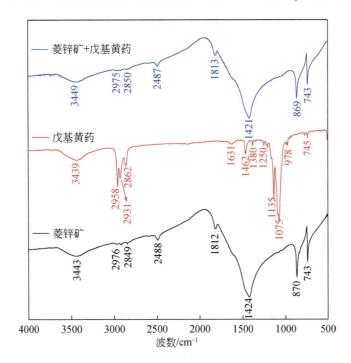

图 3.24　菱锌矿、黄药及其相互作用后的红外光谱图

应羟基的伸缩振动吸收峰，1424 cm^{-1} 的谱峰可能为菱锌矿本体中 CO_3^{2-} 的对称吸收峰；此外，波数为 869 cm^{-1} 和 743 cm^{-1} 的谱峰可能分别为菱锌矿本体中 CO_3^{2-} 的面

外弯曲振动吸收峰和面内弯曲振动吸收峰[21]。在戊基黄药的红外吸收光谱中，波数为 3439 cm^{-1} 的谱峰可能为羟基的伸缩振动吸收峰，2958 cm^{-1} 和 1462 cm^{-1} 的谱峰可能为戊基黄药中甲基和亚甲基的 C—H 不对称伸缩振动峰，1250 cm^{-1} 和 1075 cm^{-1} 的谱峰可能为 C—S 伸缩振动峰，1135 cm^{-1} 的谱峰可能为 C—O—C 伸缩振动峰[22-25]。当戊基黄药与菱锌矿表面作用后，矿物表面未出现明显的新峰，且菱锌矿本身的各基团吸收峰也未发生明显偏移，这表明戊基黄药在菱锌矿表面的吸附能力较弱，难以在菱锌矿表面稳定存在，此即为菱锌矿采用直接黄药浮选时回收率低的原因所在。

黄药难以在菱锌矿表面稳定吸附，一个重要原因是菱锌矿在矿浆溶液中溶解性高，这会导致大量锌离子从矿物表面转移到矿浆溶液中，矿浆溶液中溶解的锌离子会消耗添加的黄药组分，且这部分黄药无法稳定吸附在矿物表面。此外，即便有黄药吸附在矿物表面，由于菱锌矿持续溶解，会使得吸附在矿物表面的黄原酸盐随矿物表面组分溶解而脱落。因此，采用硫化钠对菱锌矿表面进行硫化处理，使其生成硫化物覆盖层，从而降低矿物的溶解程度。为了探究黄药在硫化的菱锌矿表面的吸附特性，对菱锌矿硫化前后黄药在矿物表面吸附后的红外光谱进行对比分析，结果如图 3.25 所示。从图中能够观察到，戊基黄药与硫化的菱锌矿表面

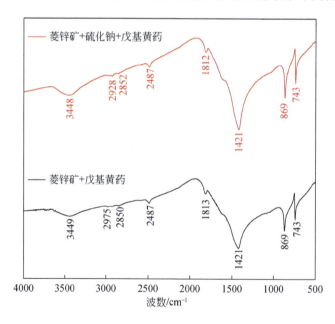

图 3.25 菱锌矿硫化前后黄药在矿物表面吸附后的红外光谱图

作用后，矿物表面依旧未检测新的吸收峰，这表明尽管菱锌矿表面经过硫化处理后，矿物表面的溶解性降低，亲水性减弱，能够促进黄药吸附，但黄药在硫化的菱锌矿表面的吸附量仍较少，尚不能达到红外吸收光谱信号的最低检测限度。结合前面表面分析结果可知，菱锌矿在单一的硫化钠体系中进行硫化后，矿物表面生成的硫化产物的含量较低、反应活性较弱，致使捕收剂难以有效地吸附在矿物表面。因此，改善矿物表面的硫化效果对于氧化锌矿物的浮选回收至关重要。

参 考 文 献

[1] Gush J C D. Flotation of oxide minerals by sulphidization—the development of a sulphidization control system for laboratory testwork. Journal of the Southern African Institute of Mining and Metallurgy，2005，105（3）：193-198.

[2] Sun W，Su J F，Zhang G，et al. Separation of sulfide lead-zinc-silver ore under low alkalinity condition. Journal of Central South University，2012，19（8）：2307-2315.

[3] Veeken A H M，Akoto L，Hulshoff Pol L W，et al. Control of the sulfide（S^{2-}）concentration for optimal zinc removal by sulfide precipitation in a continuously stirred tank reactor. Water Research，2003，37（15）：3709-3717.

[4] Hosseini S H，Forssberg E. Physicochemical studies of smithsonite flotation using mixed anionic/cationic collector. Minerals Engineering，2007，20（6）：621-624.

[5] Hosseini S H，Forssberg E. Smithsonite flotation using potassium amyl xanthate and hexylmercaptan. Mineral Processing and Extractive Metallurgy，2006，115（2）：107-112.

[6] Wu D，Wen S，Deng J，et al. Study on the sulfidation behavior of smithsonite. Applied Surface Science，2015，329：315-320.

[7] Feng Q，Wen S，Zhao W，et al. Adsorption of sulfide ions on cerussite surfaces and implications for flotation. Applied Surface Science，2016，360：365-372.

[8] Wang J，Xie L，Liu Q，et al. Effects of salinity on xanthate adsorption on sphalerite and bubble-phalerite interactions. Minerals Engineering，2015，77：34-41.

[9] Cao M，Bu H，Meng Q，et al. Effect of surface modification by lead ions on flotation behavior of columbite-tantalite. Colloids and Surfaces A：Physicochemical and Engineering Aspects，2021，611：125827.

[10] Zhang Q，Zhu H，Yang B，et al. Effect of Pb^{2+} on the flotation of molybdenite in the presence of sulfide ion. Results in Physics，2019，14：102361.

[11] Dake L S, Baer D R, Zachara J M. Auger parameter measurements of zinc compounds relevant to zinc transport in the environment. Surface and Interface Analysis, 1989, 14(1-2): 71-75.

[12] Chen X, Peng Y, Bradshaw D. The separation of chalcopyrite and chalcocite from pyrite in cleaner flotation after regrinding. Minerals Engineering, 2014, 58: 64-72.

[13] Liu J, Wen S, Xian Y, et al. Dissolubility and surface properties of a natural sphalerite in aqueous solution. Minerals & Metallurgical Processing, 2012, 29: 113-120.

[14] Herron S M, Lawa Q O, Bent S F. Polysulfide ligand exchange on zinc sulfide nanocrystal surfaces for improved film formation. Applied Surface Science, 2015, 359: 106-113.

[15] Barnes T J, Kempson I M, Prestidge C A. Surface analysis for compositional, chemical and structural imaging in pharmaceutics with mass spectrometry: a ToF-SIMS perspective. International Journal of Pharmaceutics, 2011, 417 (1-2): 61-69.

[16] Chehreh Chelgani S, Hart B. TOF-SIMS studies of surface chemistry of minerals subjected to flotation separation—a review. Minerals Engineering, 2014, 57: 1-11.

[17] Segall M D, Lindan P J D, Probert M J, et al. First-principles simulation: ideas, illustrations and the CASTEP code. Journal of Physics: Condensed Matter, 2002, 14 (11): 2717-2744.

[18] Chen Y, Liu M, Chen J, et al. A density functional based tight binding (DFTB+) study on the sulfidization-amine flotation mechanism of smithsonite. Applied Surface Science, 2018, 458: 454-463.

[19] Han C, Li T, Zhang W, et al. Density functional theory study on the surface properties and floatability of hemimorphite and smithsonite. Minerals, 2018, 8 (12): 542.

[20] Wang Z, Xu L, Wang J, et al. A comparison study of adsorption of benzohydroxamic acid and amyl xanthate on smithsonite with dodecylamine as co-collector. Applied Surface Science, 2017, 426: 1141-1147.

[21] 闻辂. 矿物红外光谱学. 重庆: 重庆大学出版社, 1989.

[22] Fredriksson A, Larsson M L, Holmgren A. n-Heptyl xanthate adsorption on a ZnS layer synthesized on germanium: an in situ attenuated total reflection IR study. Journal of Colloid and Interface Science, 2005, 286 (1): 1-6.

[23] Kongolo M, Benzaazoua M, Donato P D, et al. The comparison between amine thioacetate and amyl xanthate collector performances for pyrite flotation and its application to tailings desulphurization. Minerals Engineering, 2004, 17 (4): 505-515.

［24］ Leppinen J O，Basilio C I，Yoon R H. In-situ FTIR study of ethyl xanthate adsorption on sulfide minerals under conditions of controlled potential. International Journal of Mineral Processing，1989，26（3-4）：259-274.

［25］ Mielczarski J，Leppinen J. Infrared reflection-absorption spectroscopic study of adsorption of xanthates on copper. Surface Science，1987，187（2-3）：526-538.

第4章 氧化锌矿物表面强化硫化理论

大量试验研究和生产实践表明，氧化锌矿物需经过硫化后才能通过黄药类捕收剂获得较好的浮选效果，但常规的表面硫化存在硫化效率低、硫化程度弱、硫化层不稳定等缺点，导致黄药在矿物表面难以稳定吸附，浮选指标较差。因此，氧化锌矿物表面强化硫化是实现硫化黄药浮选法高效回收氧化锌资源的重点和难点。本章将围绕多种活化体系，深入研究氧化锌矿物表面强化硫化理论。

4.1 铵盐活化体系

4.1.1 铵盐活性组分在溶液中的分布规律

将铵盐加入到含有锌离子的水溶液中时，溶液体系内会发生一系列络合反应，进而形成四种类型的锌氨络合物，即 $Zn(NH_3)^{2+}$、$Zn(NH_3)_2^{2+}$、$Zn(NH_3)_3^{2+}$ 和 $Zn(NH_3)_4^{2+}$，以下是这些络合物的平衡方程和热力学平衡常数[1]：

$$Zn^{2+} + NH_3 \longleftrightarrow Zn(NH_3)^{2+}, \quad K_1 = \frac{[Zn(NH_3)^{2+}]}{[Zn^{2+}][NH_3]} = 10^{2.35} \tag{4.1}$$

$$Zn^{2+} + 2NH_3 \longleftrightarrow Zn(NH_3)_2^{2+}, \quad K_2 = \frac{[Zn(NH_3)_2^{2+}]}{[Zn^{2+}][NH_3]^2} = 10^{4.80} \tag{4.2}$$

$$Zn^{2+} + 3NH_3 \longleftrightarrow Zn(NH_3)_3^{2+}, \quad K_3 = \frac{[Zn(NH_3)_3^{2+}]}{[Zn^{2+}][NH_3]^3} = 10^{7.31} \tag{4.3}$$

$$Zn^{2+} + 4NH_3 \longleftrightarrow Zn(NH_3)_4^{2+}, \quad K_4 = \frac{[Zn(NH_3)_4^{2+}]}{[Zn^{2+}][NH_3]^4} = 10^{9.46} \tag{4.4}$$

其中，K_1、K_2、K_3 和 K_4 分别表示在 298.15 K 时方程（4.1）～方程（4.4）的热力学平衡常数。

根据锌的质量守恒，在含有铵盐的水溶液中，总锌浓度$[Zn]_T$可以描述为

$$[Zn_T] = [Zn^{2+}] + [Zn(NH_3)^{2+}] + [Zn(NH_3)^{2+}] + [Zn(NH_3)^{2+}] + [Zn(NH_3)^{2+}] \tag{4.5}$$

在本研究中，β_0、β_1、β_2、β_3 和 β_4 定义如下：

$$\beta_0 = \frac{[\mathrm{Zn}^{2+}]}{[\mathrm{Zn_T}]} \tag{4.6}$$

$$\beta_1 = \frac{[\mathrm{Zn(NH_3)}^{2+}]}{[\mathrm{Zn_T}]} \tag{4.7}$$

$$\beta_2 = \frac{[\mathrm{Zn(NH_3)_2^{2+}}]}{[\mathrm{Zn_T}]} \tag{4.8}$$

$$\beta_3 = \frac{[\mathrm{Zn(NH_3)_3^{2+}}]}{[\mathrm{Zn_T}]} \tag{4.9}$$

$$\beta_4 = \frac{[\mathrm{Zn(NH_3)_4^{2+}}]}{[\mathrm{Zn_T}]} \tag{4.10}$$

通过对上述方程进行积分，得到以下方程：

$$\beta_0 = \frac{1}{1 + 10^{2.35}[\mathrm{NH_3}] + 10^{4.80}[\mathrm{NH_3}]^2 + 10^{7.31}[\mathrm{NH_3}]^3 + 10^{9.46}[\mathrm{NH_3}]^4} \tag{4.11}$$

$$\beta_1 = 10^{2.35}[\mathrm{NH_3}]\beta_0 \tag{4.12}$$

$$\beta_2 = 10^{4.80}[\mathrm{NH_3}]^2\beta_0 \tag{4.13}$$

$$\beta_3 = 10^{7.31}[\mathrm{NH_3}]^3\beta_0 \tag{4.14}$$

$$\beta_4 = 10^{9.46}[\mathrm{NH_3}]^4\beta_0 \tag{4.15}$$

不同铵盐浓度条件下锌氨络合物在水溶液中的组分分布系数如图 4.1 所示。由图可知，不同锌氨络合物相对于总锌的比例与溶液中铵盐的浓度紧密相关。在

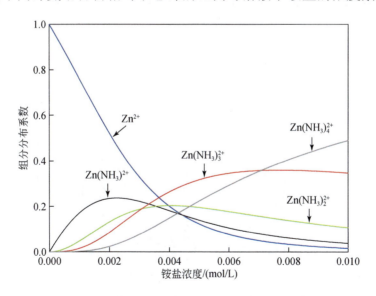

图 4.1 不同铵盐浓度条件下锌氨络合物在水溶液中的组分分布系数

低铵盐浓度区间，含有铵盐的水溶液中的锌组分主要以 Zn^{2+} 和 $Zn(NH_3)^{2+}$ 的形式存在。随着铵盐浓度逐步增加，$Zn(NH_3)_2^{2+}$、$Zn(NH_3)_3^{2+}$ 和 $Zn(NH_3)_4^{2+}$ 相继在溶液中出现，并且它们的含量呈逐渐上升趋势。本研究中使用的铵盐浓度为 2.5×10^{-3} mol/L；此条件下，$Zn(NH_3)^{2+}$、$Zn(NH_3)_2^{2+}$ 和 $Zn(NH_3)_4^{2+}$ 构成了矿浆溶液中的主要含锌组分。

4.1.2　铵盐体系硫组分在氧化锌矿物表面的吸附规律

在明确铵盐活性组分在溶液中的分布情况后，进一步探究其在氧化锌矿物表面的吸附行为，对于理解铵盐活化体系的作用机制具有重要意义。首先，针对不同硫化钠浓度下铵盐活化与未活化菱锌矿表面 Zeta 电位进行了测定，结果如图 4.2 所示。由图可知，铵盐活化前后的菱锌矿 Zeta 电位均呈现出随着硫化钠浓度升高而降低的趋势。这一现象表明，在碱性条件下，带负电荷的硫离子能够吸附于菱锌矿表面，并且当硫化钠浓度较高时，大量的硫离子会与铵盐活化及未活化的菱锌矿表面发生反应。此外，在相同硫化钠浓度条件下，铵盐活化菱锌矿的 Zeta 电位始终比未活化菱锌矿的 Zeta 电位更负，这表明有更多的硫离子吸附在铵盐活化矿物表面。如图 4.2 所示，在硫化钠浓度为 7.5×10^{-4} mol/L 时，铵盐活化菱锌矿的 Zeta 电位达到 -54.16 mV，而在硫化钠浓度为 2.5×10^{-3} mol/L 时，未活化菱锌矿的 Zeta 电位仅为 -52.63 mV。由此可见，菱锌矿表面经铵盐活化后，硫离子在矿物表面的吸附数量增加，导致在低硫化钠浓度下菱锌矿表面硫化效果得到改善。

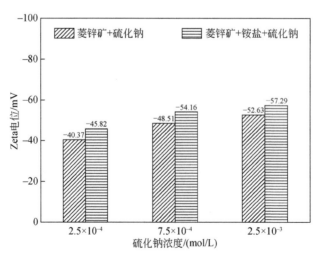

图 4.2　不同硫化钠浓度下铵盐活化和未活化菱锌矿表面 Zeta 电位

硫化是菱锌矿浮选回收中的关键步骤，硫化过程对黄药在矿物表面的吸附行为以及矿物自身的可浮性起着决定性作用。图 4.3 显示了硫组分在铵盐活化前后菱锌矿表面的吸附量与硫化时间的关系。由图可见，在整个硫化进程期间，硫组分在未活化菱锌矿和铵盐活化菱锌矿表面的吸附量均呈增加趋势。并且，在整个硫化期间，吸附在铵盐活化菱锌矿表面的硫组分量始终高于未活化菱锌矿。这一结果表明，菱锌矿经铵盐活化处理后，能够有效促进矿浆溶液中更多的硫离子向矿物表面转移，从而在铵盐活化菱锌矿表面形成更为丰富的硫化锌组分。过往研究已证实，在铜铅锌氧化矿物表面形成的硫化产物对捕收剂的吸附以及矿物的可浮性具有积极的促进作用。

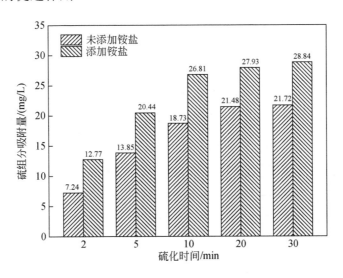

图 4.3　铵盐活化前后硫组分在菱锌矿表面的吸附量与硫化时间的关系

此外，由图 4.3 还可观察到，矿浆溶液中的硫离子在铵盐活化菱锌矿表面的吸附速度相较于未活化矿物表面更快。例如，硫化 10 min 后，未活化菱锌矿表面吸附的硫组分量仅为 18.73 mg/L，而铵盐活化矿物表面在硫化 5 min 后吸附的硫组分量便已达到 20.44 mg/L。菱锌矿经活化处理后，仅需 10 min 的硫化时间即可达到平衡吸附，反观未活化菱锌矿，在硫化 20 min 内其表面吸附的硫组分量几乎无明显变化。这些现象表明，在添加硫化钠之前，预先使用铵盐对菱锌矿表面进行初步处理，能够提升其表面硫化效率。因此，在铵盐存在的情况下，矿浆溶液中的硫离子大部分会吸附在矿物表面，导致剩余的硫离子浓度减少。对于铜铅锌氧化矿物硫化浮选而言，矿浆溶液中过量的硫离子会对黄药在硫化矿物表面的吸附产生不利影响。因此，通过在硫化之前采用铵盐活化菱锌矿，能够有效削弱甚至消除矿浆溶液中残留硫组分的不利影响。

4.1.3 铵盐体系氧化锌矿物表面硫组分演变规律

通过对硫组分吸附规律的研究，发现铵盐对硫组分吸附有显著影响。在此基础上，进一步研究其对氧化锌矿物表面硫组分演变的作用，以揭示铵盐活化体系在矿物表面的作用机制。菱锌矿表面的化学成分和化学态是评估铵盐活化对矿物表面形成的硫化产物影响的重要指标。基于此，本研究进行了 XPS 分析以确定未活化菱锌矿和铵盐活化菱锌矿表面所形成的硫化锌组分的差异。通过对 XPS 数据进行分峰拟合处理，并使用 MultiPak Spectrum 软件去除样品中所有污染成分，进而获取相关原子浓度信息。

图 4.4 显示了在有无铵盐存在的情况下，经硫化钠硫化处理后的菱锌矿样品在 0~1100 eV 结合能范围内的 XPS 全谱图。在菱锌矿的 XPS 全谱结果中，除了吸附的 S 外，还检测到了 C、O 和 Zn 元素。相较于未活化菱锌矿，铵盐活化菱锌矿呈现出明显更高的 S2p 峰强度(图 4.4)，这意味着菱锌矿表面经铵盐活化后，硫化产物的含量显著增加。图 4.5 显示了在有无铵盐存在的情况下，经硫化钠硫

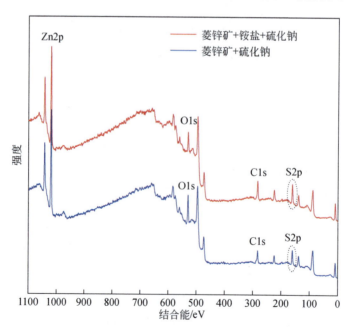

图 4.4　铵盐活化前后硫化的菱锌矿表面 XPS 全谱图

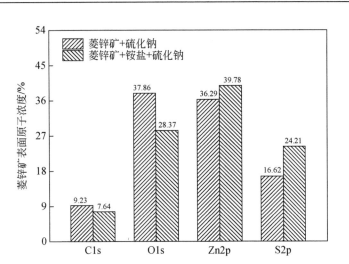

图 4.5　铵盐活化前后硫化的菱锌矿表面原子浓度

化处理后的菱锌矿表面原子浓度。未活化菱锌矿和铵盐活化菱锌矿表面上 S 的原子浓度分别为 16.62% 和 24.21%，即菱锌矿经铵盐活化后，吸附的 S 组分增加了 7.59%。此外，矿物表面上 Zn 的原子比例从 36.29% 上升至 39.78%。菱锌矿表面上的 Zn 能够为矿物与浮选药剂相互作用提供活性位点。因此，Zn 原子浓度的增加对菱锌矿的硫化浮选起到了促进作用。与未活化菱锌矿表面相比，铵盐活化菱锌矿表面上 C 和 O 的原子浓度分别降低了 1.59% 和 9.49%。这一发现表明，在铵盐存在的情况下，硫离子与矿物表面强烈相互作用，即铵盐活化导致菱锌矿表面覆盖了大量的硫化锌组分。

　　在有无铵盐存在的情况下，对经硫化钠硫化处理后的菱锌矿的 C1s 和 O1s XPS 谱图进行了计算与拟合，结果如图 4.6 和图 4.7 所示。如图 4.6 所示，未活化菱锌矿和铵盐活化菱锌矿的 C1s 均由三个峰组成，其中 284.80 eV 和 286.30 eV 处的 C1s 峰源自污染碳。未活化菱锌矿在 289.60 eV 处的 C1s 峰以及铵盐活化菱锌矿在 289.32 eV 处的 C1s 峰来自菱锌矿。C1s 结合能的偏移表明未活化菱锌矿的化学环境与铵盐活化菱锌矿存在差异。在 O1s 谱图中，对于未活化菱锌矿和铵盐活化菱锌矿，仅拟合出一个源自碳酸盐的能谱峰（图 4.7）。与未活化菱锌矿相比，铵盐活化菱锌矿中 O1s 峰的结合能偏移了 0.11 eV。C1s 和 O1s 结合能的变化进一步佐证了矿浆溶液中硫离子与矿物表面之间的相互作用。

　　在菱锌矿硫化过程中，矿物表面上的锌位点是与矿浆溶液中硫离子相互作用的主要反应位点。因此，对比了经硫化钠硫化处理的未活化菱锌矿和铵盐活化菱锌矿的 Zn2p XPS 谱图，以确定铵盐活化对矿物表面锌位点的影响。如图 4.8 所

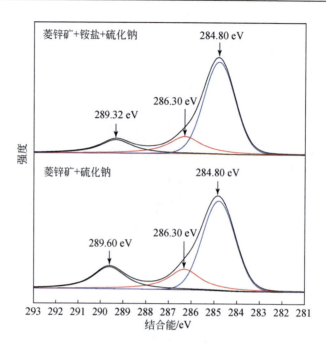

图 4.6 铵盐活化前后硫化的菱锌矿表面 C1s 谱图

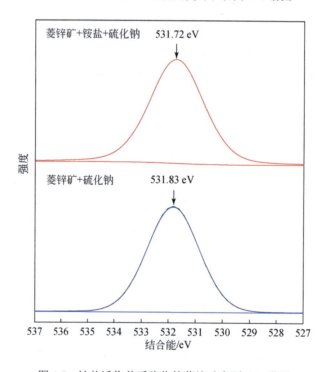

图 4.7 铵盐活化前后硫化的菱锌矿表面 O1s 谱图

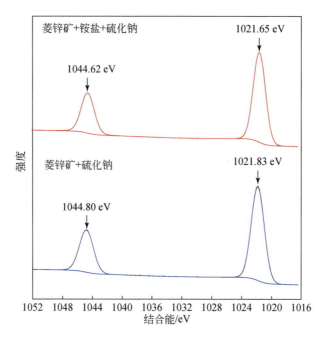

图 4.8　铵盐活化前后硫化的菱锌矿表面 Zn2p 谱图

示，菱锌矿的 Zn2p 由一对对称峰组成，即来自菱锌矿的 $Zn2p_{1/2}$ 和 $Zn2p_{3/2}$ 双峰，它们具有相同的化学性质。与未活化菱锌矿相比，铵盐活化菱锌矿中 Zn2p 峰向低结合能方向偏移。这表明铵盐活化菱锌矿的表面化学环境发生变化，从而提高了矿物表面锌原子的反应活性，促进了矿浆溶液中硫离子的吸附。因此，菱锌矿表面预先采用铵盐进行初步活化，能够增加矿物表面硫化产物含量，促进黄药的吸附，并最终提高菱锌矿的可浮性。

4.2　铜离子活化体系

4.2.1　铜离子对氧化锌矿物表面特性的影响

1. 铜离子在溶液中的分布规律

铜离子在水溶液中主要以铜-羟基络合物的形式存在，通常情况下包含 $Cu(OH)^+$、$Cu(OH)_2$、$Cu(OH)_3^-$ 和 $Cu(OH)_4^{2-}$，所涉及的反应式和热力学参数如下[2]：

$$Cu^{2+} + OH^- \Longleftrightarrow Cu(OH)^+, \quad K_1 = \frac{[Cu(OH)^+]}{[Cu^{2+}][OH^-]} = 10^{6.05} \tag{4.16}$$

$$Cu^{2+} + 2OH^- \longleftrightarrow Cu(OH)_2(aq), \quad K_2 = \frac{[Cu(OH)_2]}{[Cu^{2+}][OH^-]^2} = 10^{11.80} \quad (4.17)$$

$$Cu^{2+} + 3OH^- \longleftrightarrow Cu(OH)_3^-, \quad K_3 = \frac{[Cu(OH)_3^-]}{[Cu^{2+}][OH^-]^3} = 10^{15.40} \quad (4.18)$$

$$Cu^{2+} + 4OH^- \longleftrightarrow Cu(OH)_4^{2-}, \quad K_4 = \frac{[Cu(OH)_4^{2-}]}{[Cu^{2+}][OH^-]^4} = 10^{16.26} \quad (4.19)$$

其中，K_1、K_2、K_3、K_4 分别为常温条件下反应式（4.16）～（4.19）的热力学平衡常数，根据水溶液中铜平衡，则总铜浓度可表示为

$$[Cu_T] = [Cu^{2+}] + [Cu(OH)^+] + [Cu(OH)_2] + [Cu(OH)_3^-] + [Cu(OH)_4^{2-}] \quad (4.20)$$

其中，α_0、α_1、α_2、α_3 和 α_4 分别表示为

$$\alpha_0 = \frac{[Cu^{2+}]}{[Cu_T]} \quad (4.21)$$

$$\alpha_1 = \frac{[Cu(OH)^+]}{[Cu_T]} \quad (4.22)$$

$$\alpha_2 = \frac{[Cu(OH)_2]}{[Cu_T]} \quad (4.23)$$

$$\alpha_3 = \frac{[Cu(OH)_3^-]}{[Cu_T]} \quad (4.24)$$

$$\alpha_4 = \frac{[Cu(OH)_4^{2-}]}{[Cu_T]} \quad (4.25)$$

结合上述反应式（4.16）～（4.25）可得

$$\alpha_0 = \frac{1}{1 + 10^{pH-7.95} + 10^{2pH-16.20} + 10^{3pH-26.60} + 10^{4pH-39.74}} \quad (4.26)$$

$$\alpha_1 = 10^{pH-7.95}\alpha_0 \quad (4.27)$$

$$\alpha_2 = 10^{2pH-16.20}\alpha_0 \quad (4.28)$$

$$\alpha_3 = 10^{3pH-26.60}\alpha_0 \quad (4.29)$$

$$\alpha_4 = 10^{4pH-39.74}\alpha_0 \quad (4.30)$$

依据式（4.26）～式（4.30），可绘制水溶液中 $Cu(OH)^+$、$Cu(OH)_2$、$Cu(OH)_3^-$ 和 $Cu(OH)_4^{2-}$ 在不同 pH 条件下的分布规律，如图 4.9 所示。

由图 4.9 可以发现，铜-羟基络合物在水溶液中的分布受溶液 pH 的影响较大，当 pH<8.0 时，Cu^{2+} 是含铜溶液中的优势组分；当 8.2<pH<10.4 时，铜组分主要以 $Cu(OH)_2$ 的形式存在；当 10.4<pH<13.1 时，$Cu(OH)_3^-$ 成为溶液中的优势铜组分；而当 pH>13.1 时，$Cu(OH)_4^{2-}$ 则成为溶液中主要的铜组分，且其含量随着 pH 的升高而持续增加。在本研究中，菱锌矿进行铜离子活化时的 pH 取值范围为

7.5～8.0，此时铜组分在矿浆溶液中主要以 Cu^{2+} 和 $Cu(OH)^+$ 的形式存在。

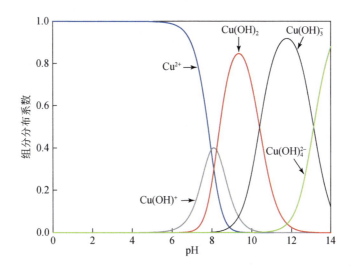

图 4.9　铜-羟基络合物在水溶液中的分布系数与 pH 的关系

2. 铜离子体系氧化锌矿物表面活化机理

在单一硫化体系下，菱锌矿仍有大量矿物损失于尾矿中，这主要归因于采用硫化钠对菱锌矿进行硫化处理后，尽管矿物表面能够生成硫化锌组分，但硫化效果欠佳，与捕收剂的相互作用效果不理想。因此，本研究引入铜离子对菱锌矿表面进行预处理，旨在增加矿物表面的活性位点，进而实现强化硫化的目的。为了查明铜离子在菱锌矿表面的吸附效果，对铜离子在矿物表面的吸附量随吸附时间的变化规律展开了研究，结果如图 4.10 所示。

在铜离子初始浓度为 $4×10^{-4}$ mol/L 的情况下，随着菱锌矿在含铜溶液中作用时间的延长，矿浆溶液中残留的铜离子浓度呈现逐渐降低的趋势，这意味着铜离子在菱锌矿表面的吸附量随着吸附时间的增加而不断上升，表明铜离子从矿浆溶液向菱锌矿表面发生了转移，使得菱锌矿表面不仅存在锌位点，还引入了铜位点。因此，后续加入的硫化钠不仅能够在菱锌矿表面生成硫化锌组分，还可形成硫化铜组分，从而达成强化硫化的效果。值得注意的是，硫化铜组分相较于硫化锌组分更易于与黄药发生反应，同时还能够增强矿物表面的疏水性。

铜离子吸附于菱锌矿表面必然会引起矿物表面电性的改变，为了能够查明铜离子存在条件下矿物表面 Zeta 电位的变化规律，对铜离子活化前后菱锌矿表面 Zeta 电位进行了对比研究。由图 4.11 可知，铜离子作用前菱锌矿的等电点为 pH 7.9，而铜离子作用后菱锌矿的等电点迁移至 pH 8.9；铜离子的添加导致菱锌矿表面 Zeta 电位在整个测定的 pH 范围内发生正向偏移，这一变化有利于荷负电的浮选药剂在矿物表面的吸附。在本研究中，菱锌矿铜离子活化时的 pH 范围为 7.5～8.0，此时菱锌矿表面荷正电，结合图 4.9 可知，在此 pH 区间内，铜组分在矿浆溶液中主要以 Cu^{2+} 和 $Cu(OH)^+$ 的形式存在，因此矿浆溶液中的铜组分主要以化学吸附的形式与菱锌矿表面相互作用。

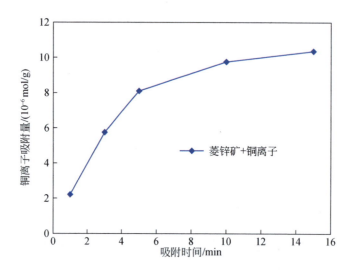

图 4.10　铜离子在菱锌矿表面的吸附量与吸附时间的关系

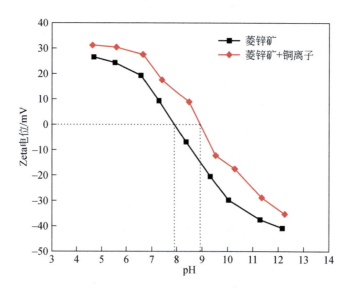

图 4.11　铜离子活化前后菱锌矿表面 Zeta 电位与 pH 的关系

为查明铜离子在菱锌矿表面的吸附特性，以及铜离子与矿物表面的相互作用机制，对铜离子活化前后的菱锌矿进行了 XPS 表征。由表 4.1 及图 4.12 所示，在铜离子对菱锌矿表面处理前，矿物表面未检测到 Cu 元素，而当菱锌矿与铜离子发生作用后，矿物表面出现了 Cu 的信号峰，其原子浓度达到 2.29%，这表明铜离子在菱锌矿表面发生了明显的吸附，生成了含铜组分。与铜离子活化前矿物表面元素的原子浓度相比，活化后矿物表面 C1s、O1s、Zn2p 的原子浓度均有所降低，这正是由于新生成的含铜组分覆盖在菱锌矿表面，导致表层碳酸锌组分的相对含量降低，从而间接证实了铜离子吸附在菱锌矿表面。

表 4.1　铜离子活化前后菱锌矿表面的原子浓度

活化条件	原子浓度/%			
	C1s	O1s	Zn2p	Cu2p
铜离子活化前	17.96	60.97	21.07	—
铜离子活化后	17.71	59.78	20.22	2.29

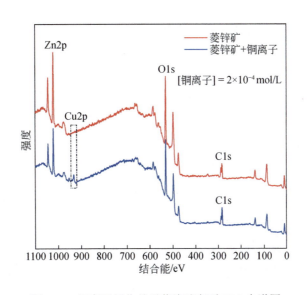

图 4.12　铜离子活化前后菱锌矿表面 XPS 全谱图

为揭示铜离子对菱锌矿表面的活化机制，深入解析菱锌矿表面生成的活化产物，对铜离子活化前后菱锌矿表面的 C1s、O1s、Zn2p、Cu2p 窄谱峰进行了对比研究，并进行了分峰处理，结果如图 4.13～图 4.16 所示。此外，铜离子对菱锌矿活化前后矿物表面 O1s 谱峰的结合能和相对含量列于表 4.2 中。

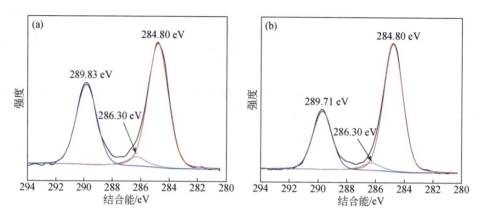

图 4.13　铜离子活化前后菱锌矿表面 C1s 谱图

(a) 铜离子活化前；(b) 铜离子活化后

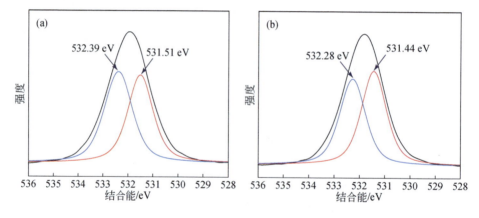

图 4.14　铜离子活化前后菱锌矿表面 O1s 谱图

(a) 铜离子活化前；(b) 铜离子活化后

与图 4.13 (a) 相比，菱锌矿经过铜离子活化后 [图 4.13 (b)]，矿物表面碳酸根中的碳在 C1s 谱图中包围的面积减少，这一结果进一步佐证了铜离子活化后菱锌矿表面生成了含铜组分。图 4.14 为铜离子活化前后菱锌矿表面 O1s 的 XPS 谱图，结合表 4.2 中的数据可以发现，在菱锌矿表面铜离子活化前，—Zn—O/—Cu—O 组分中的氧占总氧的比例为 47.32%，—OH 组分中的氧占总氧的比例为 52.68%；而铜离子活化后，—Zn—O/—Cu—O 组分中的氧占总氧的比例有所增加，变为 51.92%，与此同时，—OH 组分中的氧占总氧的比例相应降低，变为 48.08%。这一现象可能是由于菱锌矿铜离子活化过程中，铜组分在矿浆溶液中主要以 Cu^{2+} 和 $Cu(OH)^+$ 的形式存在，其中 Cu^{2+} 会与矿物表面的 O 位点结合，形成—O—Cu 组分，同时

Cu(OH)$^{+}$会与矿物表面的 Zn(OH)$_m^{n+}$组分发生脱水反应，进而降低矿物表面—OH组分的含量。因此，铜离子对菱锌矿表面活化后，不仅能够增加矿物表面活性位点的数量，还可有效提高矿物表面的反应活性，这是因为铜离子相较于锌离子更易于与硫化钠和黄药发生反应。此外，铜离子与菱锌矿作用后还能降低矿物表面亲水性，从而为菱锌矿的疏水上浮创造有利条件。

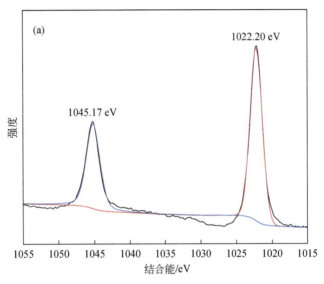

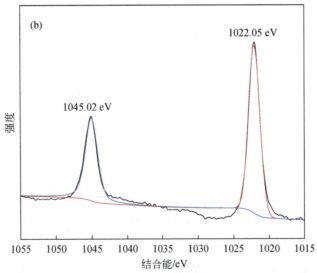

图 4.15　铜离子活化前后菱锌矿表面 Zn2p 谱图

(a) 铜离子活化前；(b) 铜离子活化后

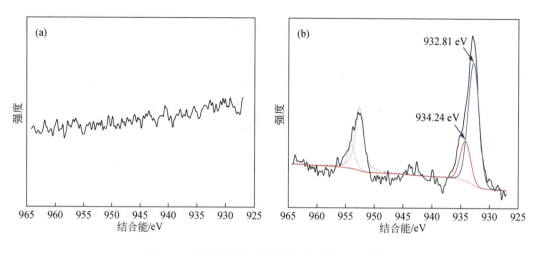

图 4.16 铜离子活化前后菱锌矿表面 Cu2p 谱图

（a）铜离子活化前；（b）铜离子活化后

表 4.2 铜离子活化前后菱锌矿表面 O1s 谱峰的结合能和相对含量

活化条件	组分	O1s 结合能/eV	组分分布/%
铜离子活化前	—Zn—O	531.51	47.32
	—OH	532.39	52.68
铜离子活化后	—Zn—O/—Cu—O	531.44	51.92
	—OH	532.28	48.08

如图 4.15 所示，铜离子活化前后菱锌矿表面的 Zn2p 的结合能并未出现明显的偏移，这表明铜离子并未与菱锌矿表面的锌离子直接发生作用，因而对其所处的化学环境影响较小。图 4.16（a）显示，在铜离子作用前，菱锌矿表面未出现 Cu 原子的信号峰，说明菱锌矿纯度较高，未受到含铜组分的污染；而当铜离子与矿物表面作用后［图 4.16（b）］，矿物表面出现了明显的 Cu2p 信号峰，说明铜离子在菱锌矿表面发生了明显的吸附。为了深入理解铜离子与菱锌矿表面的作用机制，对铜离子活化后矿物表面的 Cu2p XPS 谱进行了分峰处理。由图 4.16（b）可知，Cu2p 谱由 $Cu2p_{1/2}$ 和 $Cu2p_{3/2}$ 双峰组成，其中结合能为 932.81 eV 的 $Cu2p_{3/2}$ 谱峰归因于—Cu(II)组分，结合能为 934.24 eV 的 $Cu2p_{3/2}$ 谱峰归因于—Cu—OH 组分，即铜离子在菱锌矿表面吸附后主要以—Cu(II)和—Cu—OH 组分的形式存在，需要注意的是，其中—Cu—OH 组分的生成不利于后续浮选药剂与矿物表面进行有效作用。

为进一步确认铜离子能够在菱锌矿表面发生吸附，采用 ToF-SIMS 技术对菱锌矿铜离子处理前后矿物表面的 Cu^+ 离子进行了表面检测和深度剖析。如图 4.17 所示，在铜离子与菱锌矿表面作用前，矿物表面几乎未检测到 Cu^+ 离子信号，而作用后矿物表面出现了明显的 Cu^+ 离子信号，这表明菱锌矿与铜离子相互作用后，矿物表面确实存在 Cu^+ 离子组分。

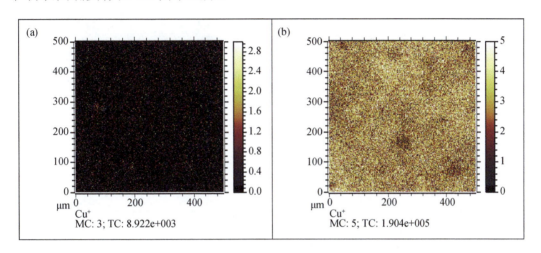

图 4.17　铜离子活化前后菱锌矿表面 Cu^+ 离子 ToF-SIMS 图像

（a）铜离子活化前；（b）铜离子活化后

为进一步查明菱锌矿表面铜组分的分布情况，对菱锌矿硫化前后矿物表面 Cu^+ 离子进行 ToF-SIMS 深度剖析，从而获得其在矿物表面的空间分布，结果见图 4.18。从图中可以清晰地看出，在铜离子吸附前，Cu^+ 离子在菱锌矿表面纵向几乎没有分布 [图 4.18（a）]，而当菱锌矿与铜离子相互作用后，矿物表面呈现出明显的铜组分覆盖层 [图 4.18（b）]，这充分说明矿浆溶液中的铜组分向菱锌矿表面发生了迁移，使得矿物表面生成了具有一定空间深度的铜组分。

为进一步揭示活化产物在菱锌矿表面的空间分布，绘制了菱锌矿铜离子活化前后矿物表面正离子的 ToF-SIMS 深剖曲线，如图 4.19 所示。从图 4.19（a）可以发现，随着溅射时间的延长，菱锌矿表面 Zn^+ 离子的强度基本保持平稳，这是由于在铜离子与矿物表面作用前，菱锌矿表层仅存在 $ZnCO_3$ 组分，故 Cu^+ 离子的信号强度极其微弱，而 Zn^+ 离子的强度不会发生明显的变化。当铜离子活化后 [图 4.19（b）]，菱锌矿表面出现了很强的 Cu^+ 离子信号，且随着溅射时间的延长逐渐减弱，直到活化产物与下层菱锌矿本体的交界面后才趋于平稳；与铜离子活化前相比，Zn^+ 离子的强度减弱，这表明铜离子与菱锌矿表面发生了相互作用，且生成的活化产物具有一定的厚度。

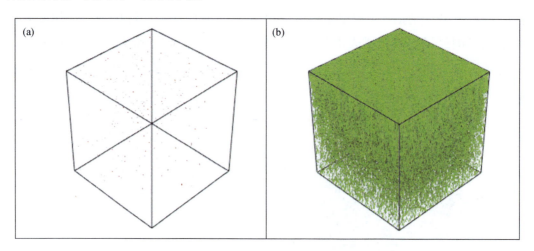

图 4.18　铜离子活化前后菱锌矿表面 Cu⁺离子 ToF-SIMS 深度剖析 3D 图

（a）铜离子活化前；（b）铜离子活化后

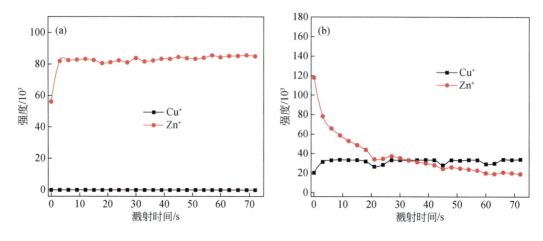

图 4.19　铜离子活化前后菱锌矿表面正离子 ToF-SIMS 深剖曲线

（a）铜离子活化前；（b）铜离子活化后

3. 铜离子对硫化的氧化锌矿物表面特性影响规律

矿浆溶液中加入的黄原酸盐主要与矿物表面的金属离子发生键合作用，为充分增加氧化锌矿硫化后矿物表面的金属离子分布，通常在硫化后添加铜离子对其进行活化，以此促进黄药吸附。为探究铜离子在菱锌矿表面硫化后的吸附特性及活化机制，对比研究了铜离子对硫化的菱锌矿活化前后矿物表面元素组成及化学态的变化规律。

从表 4.3 中的数据可以看出，铜离子对硫化的菱锌矿活化前，矿物表面 C1s、O1s、Zn2p 和 S2p 的原子浓度分别为 16.88%、57.32%、21.94%和 3.86%；而活化后矿物表面 C1s、O1s、Zn2p 的原子浓度均出现降低，同时矿物表面检测到 Cu 元素，且其原子浓度为 4.49%，这表明铜离子能够在硫化的菱锌矿表面发生吸附。此外，与活化前相比，活化后矿物表面 S2p 的原子浓度由 3.86%增加为 5.97%，这表明铜离子的添加不仅能够增加菱锌矿硫化后矿物表面的金属离子含量，还可增加矿物表面硫组分的含量。这可能是由于添加的铜离子会与矿浆溶液中残留的硫离子反应，生成的活性硫化铜组分会吸附到硫化的菱锌矿表面，从而增加了矿物表面硫化产物的含量。由于矿物表面硫化产物的比例与矿物表面的稳定性紧密相关，说明铜离子对硫化的菱锌矿活化后矿物表面的稳定性进一步增强。

表 4.3　铜离子对硫化的菱锌矿活化前后矿物表面的原子浓度

活化条件	原子浓度/%				
	C1s	O1s	Zn2p	Cu2p	S2p
铜离子活化前	16.88	57.32	21.94	—	3.86
铜离子活化后	13.76	56.37	19.41	4.49	5.97

如图 4.20 所示，在铜离子对硫化的菱锌矿活化前，矿物表面未检测到 Cu 的信号，而活化后矿物表面出现了明显的 Cu2p 谱峰，这说明矿浆溶液中的铜离子

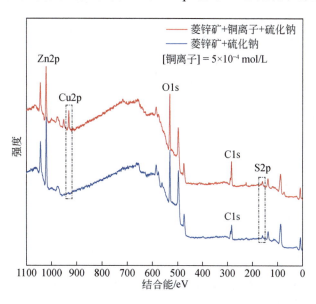

图 4.20　铜离子对硫化的菱锌矿活化前后矿物表面 XPS 全谱图

与硫化的菱锌矿表面发生了反应，导致矿物表面检测到含铜组分。另外，与铜离子活化前相比，硫化的菱锌矿经铜离子作用后，矿物表面 S2p 谱峰的信号强度更高，这表明硫化的菱锌矿表面生成了硫化铜组分，这样的矿物表面更有利于后续黄药的吸附。

4.2.2　铜离子-硫化钠体系氧化锌矿物表面硫化机理

1. 铜离子对菱锌矿硫化体系矿物表面 Zeta 电位的影响

为查明铜离子活化体系中硫化钠在菱锌矿表面的吸附特性，对铜离子-硫化钠体系与直接硫化体系菱锌矿表面 Zeta 电位随 pH 的变化进行了对比研究（图4.21）。结果显示，菱锌矿与铜离子作用后的等电点为 pH 8.9，硫化钠吸附在铜离子活化后的菱锌矿表面后，其等电点变为 pH 6.3，并且硫化钠的添加致使铜离子活化后的菱锌矿表面 Zeta 电位在整个测定 pH 范围内负移，这表明硫化钠能够在铜离子活化后的菱锌矿表面发生吸附。通过对比菱锌矿+铜离子+硫化钠与菱锌矿+铜离子以及菱锌矿+硫化钠与菱锌矿之间的 Zeta 电位差值，可以发现前者差值更高，这一结果表明菱锌矿表面经铜离子活化后，硫化钠在其表面的吸附量更多，从而证实铜离子的添加可实现菱锌矿的强化硫化。

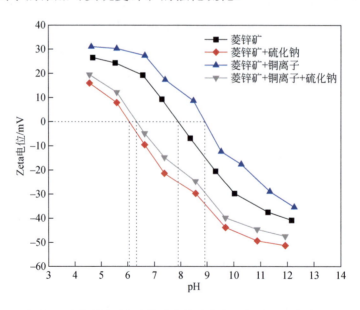

图 4.21　铜离子-硫化钠体系与直接硫化体系菱锌矿表面 Zeta 电位与 pH 的关系

2. 铜离子对菱锌矿硫化体系矿物表面元素组成的影响

为考察铜离子活化体系矿浆溶液中硫化钠在菱锌矿表面吸附后矿物表面元素的分布情况，揭示铜离子在菱锌矿硫化过程中对矿物表面元素组成的影响规律，对铜离子-硫化钠体系与直接硫化体系菱锌矿表面的原子浓度进行了计算，相关数据见表 4.4。由表中数据可知，铜离子强化硫化前菱锌矿表面 S2p 的原子浓度为 3.86%，而经铜离子强化硫化处理后，矿物表面 S2p 的原子浓度提高至 4.79%，表明菱锌矿经铜离子活化后，其表面硫化产物的含量得到了大幅增加。同时，强化硫化后矿物表面 Cu2p 的原子浓度达到 3.58%，说明硫化钠能够在铜离子活化的菱锌矿表面发生作用，并在矿物表面生成硫化铜组分。此外，菱锌矿经铜离子强化硫化后，由于矿物表面 Cu2p 和 S2p 原子浓度的增加，导致 C1s、O1s 和 Zn2p 的相对含量降低。

表 4.4 铜离子-硫化钠体系与直接硫化体系菱锌矿表面的原子浓度

硫化体系	原子浓度/%				
	C1s	O1s	Zn2p	Cu2p	S2p
铜离子-硫化钠体系	16.88	57.32	21.94	—	3.86
直接硫化体系	16.21	55.31	20.11	3.58	4.79

从图 4.22 的铜离子-硫化钠体系与直接硫化体系菱锌矿表面 XPS 全谱图中可以

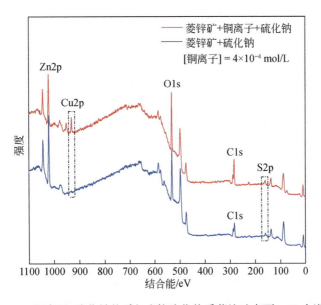

图 4.22 铜离子-硫化钠体系与直接硫化体系菱锌矿表面 XPS 全谱图

看出，铜离子强化硫化前菱锌矿表面无 Cu 的信号峰，表明矿物纯度较高，未受含铜组分污染；而强化硫化后，矿物表面出现明显且强度较高的 Cu 信号峰，这表明矿物表面与硫化钠作用后铜离子能够稳定存在于矿物表面并转变为硫化铜组分。与强化硫化前的 S 信号峰相比，强化硫化后矿物表面 S 信号峰强度增强，意味着更多硫离子吸附在菱锌矿表面。因此，铜离子活化能够促进菱锌矿表面硫化，且矿物表面同时存在硫化锌和硫化铜两种硫化组分，其中硫化铜组分更易与后续黄药作用。

3. 铜离子对菱锌矿硫化体系矿物表面化学态的影响

由图 4.23 可知，在结合能为 289.94 eV 和 289.87 eV 的 C1s 谱峰分别对应铜离子强化硫化前后菱锌矿表面碳酸根基团中的碳。与强化硫化前相比，强化硫化后菱锌矿表面 C1s 谱峰的结合能无明显偏移，这表明菱锌矿表面的碳酸根未直接参与硫化反应。然而，碳酸根中的碳在 C1s 谱图中包围的面积在强化硫化后有所减少，这是由于强化硫化后菱锌矿表面生成了更高含量的硫组分所致。

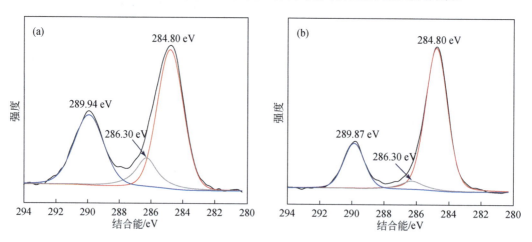

图 4.23　铜离子-硫化钠体系与直接硫化体系菱锌矿表面 C1s 谱图
（a）直接硫化体系；（b）铜离子-硫化钠体系

由图 4.24 和表 4.5 中的数据可以看出，铜离子强化硫化前，矿物表面—Zn—O/—Cu—O 组分中的氧占总氧的比例为 45.90%，而亲水性较强的—OH 组分中的氧占总氧的比例为 54.10%；经铜离子强化硫化处理后，—Zn—O/—Cu—O 组分中的氧占总氧的比例增加至 53.26%，—OH 组分中的氧占总氧的比例相应降低至 46.74%。这表明铜离子强化硫化可减少菱锌矿表面亲水性—OH 组分的生成，促使矿物表面生成更多的—Zn—O/—Cu—O 组分，有利于与后续添加的黄药发生反应。

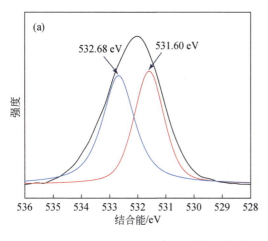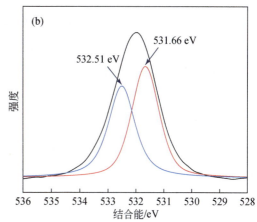

图 4.24　铜离子-硫化钠体系与直接硫化体系菱锌矿表面 O1s 谱图

（a）直接硫化体系；（b）铜离子-硫化钠体系

表 4.5　铜离子-硫化钠体系与直接硫化体系菱锌矿表面 O1s 谱峰的结合能和相对含量

硫化体系	组分	O1s 结合能/eV	组分分布/%
直接硫化体系	—Zn—O	531.60	45.90
	—OH	532.68	54.10
铜离子-硫化钠体系	—Zn—O/—Cu—O	531.66	53.26
	—OH	532.51	46.74

图 4.25 为铜离子-硫化钠体系与直接硫化体系菱锌矿表面 Zn2p 谱图，与强化硫化前相比，强化硫化后菱锌矿表面的 Zn2p 的结合能无明显变化，说明铜离子对菱锌矿表面的强化硫化过程对 Zn2p 谱峰影响较小。

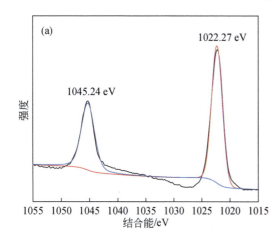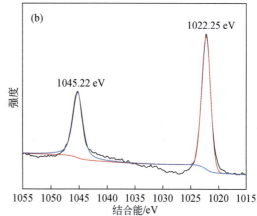

图 4.25　铜离子-硫化钠体系与直接硫化体系菱锌矿表面 Zn2p 谱图

（a）直接硫化体系；（b）铜离子-硫化钠体系

在菱锌矿表面经铜离子强化硫化处理后，为能够精细化识别矿物表面生成的硫化铜组分，绘制了铜离子-硫化钠体系与直接硫化体系菱锌矿表面 Cu2p 和 S2p 的 XPS 谱图（图 4.26 和图 4.27）。如图 4.26（a）所示，铜离子强化硫化前，由于矿物表面未发生铜离子吸附，菱锌矿表面未出现 Cu 的信号峰，此时矿物表面仅生成单一的硫化锌组分；而铜离子强化硫化后，矿物表面出现两对 Cu2p$_{1/2}$ 和 Cu2p$_{3/2}$ 双峰，其中结合能为 932.05 eV 的 Cu2p$_{3/2}$ 谱峰可归因于 Cu(I)—S 组分中的铜，而结合能为 933.02 eV 的 Cu2p$_{3/2}$ 谱峰则可能源于 Cu(II)—S 组分中的铜，这表明菱锌矿表面铜离子强化硫化后铜存在两种化学态，且 Cu(I)—S 组分的生成暗示菱锌矿硫化过程涉及氧化还原反应。

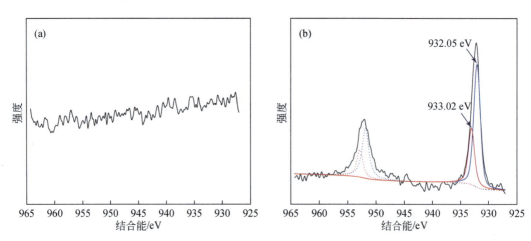

图 4.26　铜离子-硫化钠体系与直接硫化体系菱锌矿表面 Cu2p 谱图

（a）直接硫化体系；（b）铜离子-硫化钠体系

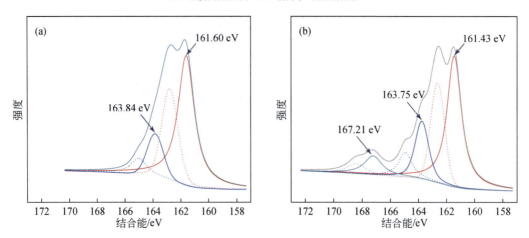

图 4.27　铜离子-硫化钠体系与直接硫化体系菱锌矿表面 S2p 谱图

（a）直接硫化体系；（b）铜离子-硫化钠体系

为了进一步解析铜离子强化硫化后菱锌矿表面的硫化产物，对矿物表面的 S2p XPS 谱图进行分峰处理。如图 4.27（a）所示，强化硫化前矿物表面的 S2p 谱由两对 S2p$_{1/2}$ 和 S2p$_{3/2}$ 双峰组成，结合能为 161.60 eV 的 S2p 谱峰对应硫化物（S^{2-}）中的硫，结合能为 163.84 eV 的 S2p 谱峰归属于多硫化物（S_n^{2-}）中的硫。经铜离子强化硫化处理后，S2p 谱由三对 S2p$_{1/2}$ 和 S2p$_{3/2}$ 双峰组成，结合能为 161.43 eV 和 163.75 eV 的 S2p 谱峰分别代表硫化物（S^{2-}）和多硫化物（S_n^{2-}）中的硫，结合能为 167.21 eV 的 S2p 谱峰则属于硫氧化合物（SO_n^{2-}）中的硫。与强化硫化前相比，强化硫化后菱锌矿表面多硫化物（S_n^{2-}）的含量增加，而多硫化物可提升菱锌矿表面反应活性，因此铜离子强化硫化有利于菱锌矿的浮选回收。

4.2.3　硫化钠-铜离子体系氧化锌矿物表面硫化机理

在研究了铜离子先活化再硫化的体系后，有必要探讨硫化钠先作用后引入铜离子的体系，即硫化钠-铜离子体系。这两个体系的研究有助于全面了解铜离子和硫化钠在不同作用顺序下对氧化锌矿物表面硫化过程的影响，以及它们之间可能存在的作用机制差异。为精确识别铜离子在硫化菱锌矿表面生成的活化产物，以及铜离子吸附后矿物表面硫化产物的变化，对硫化钠-铜离子体系与直接硫化体系菱锌矿表面 Cu2p 的 XPS 谱图进行分峰拟合（图 4.28）。由图 4.28（a）可以看到，铜离子活化前矿物表面未检测到 Cu 的信号峰，说明矿物表面无硫化铜组分生成，硫化产物仅为硫化锌组分；活化后，矿物表面出现两对明显的 Cu2p$_{1/2}$ 和 Cu2p$_{3/2}$ 特征峰，其中结合能为 932.08 eV 的 Cu2p$_{3/2}$ 谱峰对应 Cu(I)—S 组分中

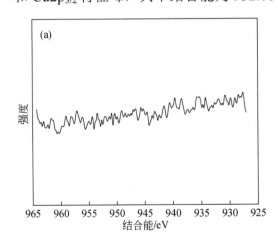
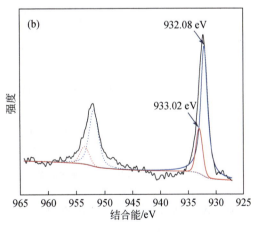

图 4.28　硫化钠-铜离子体系与直接硫化体系菱锌矿表面 Cu2p 谱图

（a）直接硫化体系；（b）硫化钠-铜离子体系

的铜，结合能为 933.02 eV 的 Cu2p$_{3/2}$ 谱峰源于 Cu(II)—S 组分中的铜。由表 4.6 可知，Cu(I)—S 和 Cu(II)—S 组分中的铜在总铜中的占比分别为80.18%和19.82%，这表明铜离子对硫化菱锌矿活化后矿物表面的活化产物以 Cu(I)—S 组分为主。此研究结果为深入理解硫化钠-铜离子体系中菱锌矿的表面硫化机理提供了关键依据，有助于进一步优化氧化锌矿物的浮选工艺。

表 4.6　硫化钠-铜离子体系与直接硫化体系菱锌矿表面 Cu2p$_{3/2}$ 谱峰的结合能和相对含量

活化条件	组分	Cu2p$_{3/2}$ 结合能/eV	组分分布/%
硫化钠-铜离子体系	Cu(I)—S	—	—
	Cu(II)—S	—	—
直接硫化体系	Cu(I)—S	932.08	80.18
	Cu(II)—S	933.02	19.82

4.3　铅离子活化体系

4.3.1　铅离子对氧化锌矿物表面特性的影响

1. 铅离子在溶液中的分布规律

在浮选试验中，矿浆溶液中加入的铅离子会与溶液中的羟基发生络合反应，生成铅-羟基络合物，相应的反应式及平衡常数如下所示[3-6]：

$$Pb^{2+} + OH^- \longleftrightarrow Pb(OH)^+ \qquad K_1 = \frac{[Pb(OH)^+]}{[Pb^{2+}][OH^-]} = 10^{6.78} \qquad (4.31)$$

$$Pb^{2+} + 2OH^- \longleftrightarrow Pb(OH)_2 \qquad K_2 = \frac{[Pb(OH)_2]}{[Pb^{2+}][OH^-]^2} = 10^{11.09} \qquad (4.32)$$

$$Pb^{2+} + 3OH^- \longleftrightarrow Pb(OH)_3^- \qquad K_3 = \frac{[Pb(OH)_3^-]}{[Pb^{2+}][OH^-]^3} = 10^{13.92} \qquad (4.33)$$

$$Pb^{2+} + 4OH^- \longleftrightarrow Pb(OH)_4^{2-} \qquad K_4 = \frac{[Pb(OH)_4^{2-}]}{[Pb^{2+}][OH^-]^4} = 10^{16.28} \qquad (4.34)$$

其中，K_1、K_2、K_3、K_4 分别为式（4.31）～式（4.34）的热力学平衡常数，水溶液中总铅浓度为

$$[Pb_T] = [Pb^{2+}] + [Pb(OH)^+] + [Pb(OH)_2] + [Pb(OH)_3^-] + [Pb(OH)_4^{2-}] \qquad (4.35)$$

为表征各组分浓度与总铅浓度的关系，定义 β_0、β_1、β_2、β_3 和 β_4 分别为

$$\beta_0 = \frac{[Pb^{2+}]}{[Pb_T]} \tag{4.36}$$

$$\beta_1 = \frac{[Pb(OH)^+]}{[Pb_T]} \tag{4.37}$$

$$\beta_2 = \frac{[Pb(OH)_2]}{[Pb_T]} \tag{4.38}$$

$$\beta_3 = \frac{[Pb(OH)_3^-]}{[Pb_T]} \tag{4.39}$$

$$\beta_4 = \frac{[Pb(OH)_4^{2-}]}{[Pb_T]} \tag{4.40}$$

结合式（4.31）～式（4.40）可得

$$\beta_1 = 10^{pH-7.22}\beta_0 \tag{4.41}$$

$$\beta_2 = 10^{2pH-16.91}\beta_0 \tag{4.42}$$

$$\beta_3 = 10^{3pH-28.08}\beta_0 \tag{4.43}$$

$$\beta_4 = 10^{4pH-39.72}\beta_0 \tag{4.44}$$

$$\beta_0 = \frac{1}{1+10^{pH-7.22}+10^{2pH-16.91}+10^{3pH-28.08}+10^{4pH-39.72}} \tag{4.45}$$

根据式（4.31）～式（4.45），通过计算可得到溶液中 Pb^{2+}、$Pb(OH)^+$、$Pb(OH)_2$、$Pb(OH)_3^-$ 和 $Pb(OH)_4^{2-}$ 在不同 pH 下的浓度系数分布图，如图 4.29 所示。

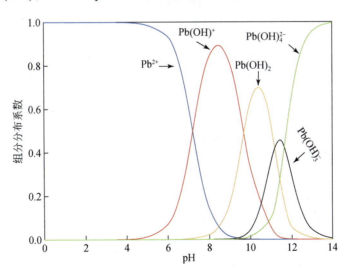

图 4.29　铅-羟基络合物在水溶液中的分布系数与 pH 的关系

由图 4.29 可知，溶液的 pH 对铅–羟基络合物的存在形式具有明显的影响。当 $\beta_0=\beta_1$ 时，pH=7.22；当 $\beta_1=\beta_2$ 时，pH=9.69；当 $\beta_2=\beta_3$ 时，pH=11.17；当 $\beta_3=\beta_4$ 时，pH=11.64。由图可知，在 pH<7.2 的条件下，铅在溶液中主要以 Pb^{2+} 的形式存在，随着溶液 pH 的升高，Pb^{2+} 浓度逐渐下降；当溶液 pH>4 时，$Pb(OH)^+$ 组分开始出现，且含量随着溶液 pH 的升高而增加；在 7.2<pH<9.7 的区间内，$Pb(OH)^+$ 成为溶液中的优势组分，此时，溶液中还存在一定量的 Pb^{2+} 与 $Pb(OH)_2$ 组分，当 pH 升高时，Pb^{2+} 的含量逐渐降低，而 $Pb(OH)_2$ 的含量却随之升高；当 9.7<pH<11.2 时，铅在溶液中的主要存在形式转变为 $Pb(OH)_2$，此时，随着 pH 的升高，$Pb(OH)^+$ 的含量逐渐减少，$Pb(OH)_3^-$ 的含量逐渐增加；在 11.2<pH<11.6 的范围内，铅主要以 $Pb(OH)_3^-$ 的形式存在，并与 $Pb(OH)_2$、$Pb(OH)_4^{2-}$ 组分共存；当 pH>11.6 时，铅的优势组分变为 $Pb(OH)_4^{2-}$，且含量随着 pH 的升高而增加，同时溶液中仍存在 $Pb(OH)_3^-$ 组分，其分布比例随溶液 pH 的升高而下降。由此可见，在适宜菱锌矿浮选的 pH 范围内（8~10），铅离子在矿浆中主要以 $Pb(OH)^+$、$Pb(OH)_2$ 的形式存在，同时存在少量的 Pb^{2+} 组分。

2. 铅离子体系氧化锌矿物表面活化机理

在初始铅离子浓度为 7.5×10^{-4} mol/L 条件下，探究铅离子与菱锌矿相互作用后，矿浆溶液中残余铅离子浓度随时间的动态变化规律，相关数据如表 4.7 所示。结果显示，随着铅离子与菱锌矿作用时间的延长，溶液中残余的铅离子浓度呈现出逐渐下降趋势，并且在作用时长达到 10 min 后，矿浆中残余的铅离子浓度趋于稳定状态。这一现象可能是由于铅离子吸附在菱锌矿表面，进而导致溶液中铅离子的浓度降低，由此可以判断，在浮选过程中铅组分能够从矿浆转移至菱锌矿表面。

表 4.7 溶液中残留铅离子浓度与时间的关系

时间/min	矿浆溶液中残留的铅离子浓度/（10^{-4} mol/L）
0	7.50
1	6.41
3	4.98
5	4.17
10	3.55
15	3.36

溶液中矿物表面的带电现象受多种因素影响，包括矿物表面的优先溶解、矿浆中离子在矿物表面的优先吸附以及矿物晶格缺陷等。在固液两相界面处，依据同性相斥、异性相吸的原理，荷电的矿物表面会使溶液中的离子分布呈现不均匀性，与矿物表面电性相反的离子会被吸引至矿物表面附近，而与矿物表面荷电相同的离子则会受到排斥，从而在矿物/溶液界面形成一定的电位差。若溶液中存在的铅离子在矿物/溶液界面发生吸附作用，那么这一吸附过程必然会对矿物表面的电性产生相应的影响。为测试铅离子是否在菱锌矿表面发生吸附作用，本研究采用 Zeta 电位法测定铅离子活化前后菱锌矿表面的动电位，并研究其随矿浆 pH 的变化规律，结果如图 4.30 所示。

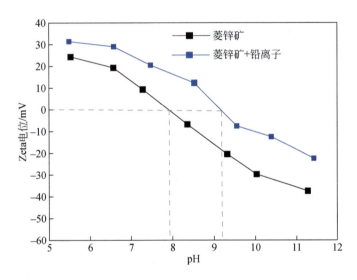

图 4.30　铅离子活化前后菱锌矿表面 Zeta 电位与 pH 的关系

从图 4.30 中可以看出，菱锌矿的等电点为 7.9，与文献报道中的测定值相近[7-8]。当 pH < 7.9 时，矿物表面荷正电，此时阴离子药剂易于吸附在菱锌矿表面；当 pH > 7.9 时，菱锌矿表面荷负电，此时阴离子浮选药剂与矿物表面互相排斥，难以通过静电吸附作用于菱锌矿表面。菱锌矿与铅离子反应后，矿物表面电位在测试的 pH 范围内均正向移动，零电点上升至 9.2，这表明带正电荷的铅组分吸附在了矿物表面，为后续阴离子浮选药剂在菱锌矿表面的吸附提供了有利的环境。结合铅组分在 Pb^{2+}-H_2O 体系中的分布图进行分析：当 pH < 7.2 时，铅在溶液中的优势组分为 Pb^{2+}；当 7.2 < pH < 9.7 时，铅在溶液中的优势组分为荷正电的 $Pb(OH)^+$；当 9.7 < pH < 11.2 时，溶液中的铅组分以 $Pb(OH)_2$ 为主，同时还存在少量的

Pb(OH)$^+$。由此可以判断，菱锌矿与铅离子作用时，吸附在矿物表面的铅组分主要为溶液中荷正电的 Pb^{2+} 与 Pb(OH)$^+$ 组分。

Zeta 电位测试表明铅组分会吸附在菱锌矿表面，致使矿物表面的电位正向移动。为探究铅离子对菱锌矿表面元素组成和元素化学态的影响，对铅离子活化前后的菱锌矿表面进行了 XPS 表征，其谱图如图 4.31 所示。对矿物表面 C1s、O1s、Zn2p 和 Pb4d 元素的 XPS 谱图进行分峰拟合后，计算得出原子的相对浓度，结果如表 4.8 所示。

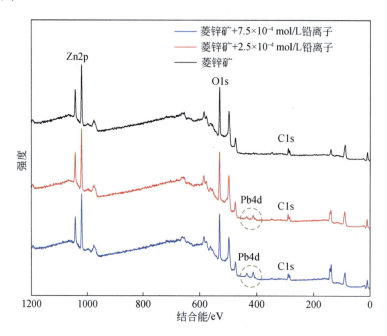

图 4.31 铅离子活化前后菱锌矿表面 XPS 全谱图

表 4.8 铅离子活化前后菱锌矿表面的原子浓度

样品	原子浓度/%			
	C1s	O1s	Zn2p	Pb4d
（a）	17.13	55.85	27.02	—
（b）	16.33	55.61	25.63	2.43
（c）	16.10	55.32	24.47	4.11

注：（a）未处理；（b）经 2.5×10^{-4} mol/L 铅离子活化后；（c）经 7.5×10^{-4} mol/L 铅离子活化后。

从图 4.31 中能够观察到，未处理的菱锌矿中仅检测到 Zn、C 和 O 元素的特征峰，结合表 4.8 的数据可知，未处理的菱锌矿表面 C1s、O1s 和 Zn2p 的相对原子

浓度分别为 17.13%、55.85%和 27.02%，进一步证实了菱锌矿具有较高的纯度。在
矿浆中加入 2.5×10⁻⁴ mol/L 铅离子后，与未处理的菱锌矿表面相比，菱锌矿表面
除了存在 C1s、O1s 和 Zn2p 峰外，还新出现了 Pb4d 的特征峰，其原子浓度为
2.43%，同时 C1s、O1s 和 Zn2p 的原子浓度分别降低至 16.33%、55.61%和 25.63%，
这表明铅组分能够吸附在菱锌矿表面，促使矿物表面 Pb4d 的原子浓度增加，而
菱锌矿自身元素的原子浓度降低。进一步地，当矿浆中添加的铅离子浓度升高至
7.5×10⁻⁴ mol/L 时，相较于加入 2.5×10⁻⁴ mol/L 铅离子时的情况，菱锌矿表面 Pb4d
的特征峰强度增强，Pb4d 的原子浓度从 2.43%增加到 4.11%，同时 C1s、O1s 和
Zn2p 的原子浓度进一步下降，分别降至 16.10%、55.32%和 24.47%。这说明在矿
浆溶液中加入高浓度铅离子时，有利于更多的铅组分从溶液中转移到菱锌矿表
面，促使菱锌矿自身元素的原子浓度进一步降低。由此可见，铅组分在菱锌矿表
面的吸附行为，对菱锌矿表面活性具有增强作用。

图 4.32 为铅离子活化前后菱锌矿表面 C1s 谱图。从图 4.32（a）可以看出，
未经处理的菱锌矿表面出现了三个相邻的 C1s 特征峰，结合能分别为 284.80 eV、
286.30 eV 和 290.05 eV。其中，结合能位于 284.80 eV 和 286.30 eV 处的 C 1s 特
征峰来自空气或溶液中的有机污染碳，这些有机污染碳以 C—C、C—H、C—O
的形式存在，在计算原子浓度时已去除有机污染碳所占的比例；结合能位于
290.05 eV 处的 C1s 特征峰来自菱锌矿碳酸根基团中以 C=O 形式存在的 C 原子，
即只有结合能在 290.05 eV 处的 C1s 为菱锌矿的特征峰值。经 2.5×10⁻⁴ mol/L 铅
离子和 7.5×10⁻⁴ mol/L 铅离子活化后的菱锌矿表面的 C1s 谱图如图 4.32（b）和（c）

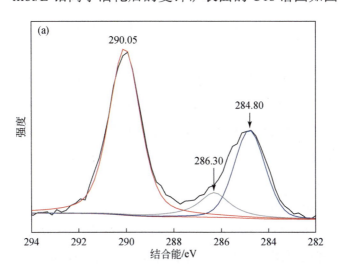

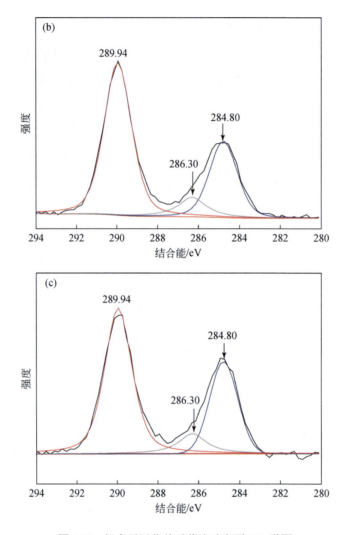

图 4.32　铅离子活化前后菱锌矿表面 C1s 谱图

（a）未处理；（b）经 2.5×10⁻⁴ mol/L 铅离子活化后；（c）经 7.5×10⁻⁴ mol/L 铅离子活化后

所示，从图中可以观察到，活化后矿物表面 C1s 峰的结合能位于 284.80 eV、286.30 eV 和 289.94 eV 处。经过铅离子活化后，与未处理的菱锌矿表面的 C1s 特征峰相比，仅有结合能位于 290.05 eV 处的 C1s 峰发生了偏移，且偏移程度较小，这表明铅离子的加入对菱锌矿表面碳酸根的化学环境影响不显著，即碳酸根在铅离子吸附过程中基本保持其化学稳定性。

图 4.33 为铅离子活化前后菱锌矿表面 O1s 谱图，与之对应的表 4.9 为铅离子处理前后菱锌矿表面的 O1s 的结合能和 O 组分的相对含量表。从图 4.33（a）中可以看出，未处理的菱锌矿表面拟合出两个 O1s 特征峰，结合能分别为 531.76 eV

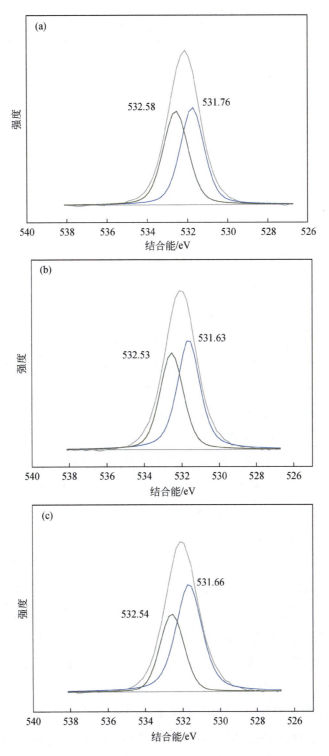

图 4.33　铅离子活化前后菱锌矿表面 O1s 谱图

（a）未处理；（b）经 $2.5×10^{-4}$ mol/L 铅离子活化后；（c）经 $7.5×10^{-4}$ mol/L 铅离子活化后

表 4.9　铅离子活化前后菱锌矿表面 O1s 结合能和 O 组分的相对含量

样品	结合能/eV		总 O 中的占比/%	
	Zn—O	—OH	Zn—O	—OH
(a)	531.76	532.58	50.34	49.66
(b)	531.63	532.53	54.94	45.06
(c)	531.66	532.54	63.21	36.79

注：（a）未处理；（b）经 2.5×10^{-4} mol/L 铅离子活化后；（c）经 7.5×10^{-4} mol/L 铅离子活化后。

和 532.58 eV，其中结合能为 531.76 eV 处的 O1s 特征峰来自于菱锌矿自身 Zn—O 中的氧，而结合能为 532.58 eV 处的 O1s 特征峰来自—OH 组分中的氧。结合表 4.9 的数据可知，Zn—O 组分中的氧和—OH 组分中的氧所占的比例分别为 50.34%和 49.66%。对比未处理菱锌矿表面的 O1s 特征峰，经 2.5×10^{-4} mol/L 铅离子活化后，菱锌矿表面 O1s 特征峰的结合能发生了偏移，Zn—O 组分中 O1s 特征峰的结合能偏移至 531.63 eV，占比增加至 54.94%；而—OH 组分中 O1s 特征峰的结合能为 532.53 eV，占比降低至 45.06%。根据溶液化学分析结果，在自然条件下，铅离子在矿浆中主要以 $Pb(OH)^+$ 以及少量 Pb^{2+} 的形式存在。这表明加入铅离子后，矿浆溶液中的 $Pb(OH)^+$ 组分与菱锌矿表面的—OH 发生了脱水缩合反应，进而形成—O—Pb 组分吸附在菱锌矿表面，从而导致矿物表面的—OH 组分分布减少。当铅离子浓度进一步增加到 7.5×10^{-4} mol/L 时，菱锌矿表面 Zn—O 组分中的 O1s 结合能偏移至 531.66 eV，占比继续增加至 63.21%，矿物表面—OH 组分中 O1s 的结合能偏移至 532.54 eV，占比继续降低至 36.79%。这说明高浓度铅离子的添加增强了溶液中 $Pb(OH)^+$ 组分的分布，使得更多的 $Pb(OH)^+$ 组分能够与矿物表面的—OH 组分发生脱水缩合反应，促进了菱锌矿表面—O—Pb 组分的生成，进而导致菱锌矿表面的—OH 组分进一步减少。此外，溶液中少量的 Pb^{2+} 组分也会与菱锌矿表面 Zn—O 组分的氧位点键合，形成相应的—O—Pb 组分。因此，高浓度的铅离子能够促进铅组分在矿物表面的吸附，从而增加菱锌矿表面的活性位点，为后续的药剂吸附提供更多的活性中心。

图 4.34 为铅离子活化前后菱锌矿表面 Zn2p 谱图，在未经处理的菱锌矿表面，拟合出一对单一对称的 Zn2p 特征峰 Zn2p$_{3/2}$ 和 Zn2p$_{1/2}$，它们具有相同的化学性质。其中 Zn2p$_{3/2}$ 的结合能为 1022.42 eV，Zn2p$_{1/2}$ 的结合能为 1045.39 eV，这归因于

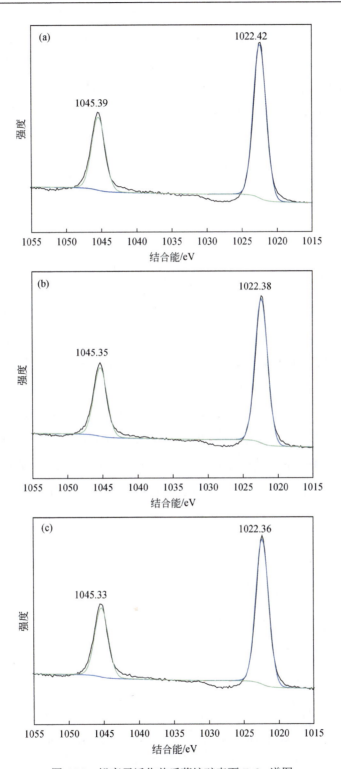

图 4.34 铅离子活化前后菱锌矿表面 Zn2p 谱图

（a）未处理；（b）经 2.5×10⁻⁴ mol/L 铅离子活化后；（c）经 7.5×10⁻⁴ mol/L 铅离子活化后

菱锌矿表面 Zn—O 键中的 Zn。随着 2.5×10^{-4} mol/L 和 7.5×10^{-4} mol/L 铅离子相继添加到矿浆溶液中，Zn2p$_{3/2}$ 特征峰的结合能分别偏移至 1022.38 eV 和 1022.36 eV 处，与未处理的菱锌矿表面 Zn2p$_{3/2}$ 特征峰的结合能相比，变化幅度较小，但 Zn2p 谱线所包围的面积随铅离子浓度的增加而呈现出减小的趋势。这一现象表明，铅组分吸附在菱锌矿表面后不影响矿物表面 Zn 组分的化学状态，但铅组分在矿物表面的吸附会降低菱锌矿表面锌组分的分布。

由于菱锌矿 Zn3s 的结合能约为 140 eV，而 Pb4f 的结合能在 138 eV 左右，两者的结合能区域存在一定程度的重叠。因此，为确保数据结果的准确性，本研究选择 Pb4d 的特征峰进行拟合和分析。图 4.35 显示了铅离子活化前后菱锌矿表面 Pb4d 的谱图，与之相应，表 4.10 列出了铅离子活化前后菱锌矿表面 Pb4d 特征峰的结合能以及铅组分的占比。由图 4.35（a）可知，未活化的菱锌矿表面未检测到 Pb4d 的特征峰，表明该菱锌矿样品的纯度较高。当矿浆溶液中添加铅离子后，在菱锌矿表面检测到了 Pb4d 特征峰。经浓度为 2.5×10^{-4} mol/L 的铅离子活化后，菱锌矿表面出现了两组单一对称且化学性质相同的 Pb4d$_{5/2}$ 和 Pb4d$_{3/2}$ 峰。其中，结合能位于 412.40 eV 处和 434.60 eV 处的特征峰可归因于—O—Pb 组分中 Pb 元素的 Pb4d$_{5/2}$ 和 Pb4d$_{3/2}$；而结合能位于 414.66 eV 处的 Pb4d$_{5/2}$ 峰和 436.86 eV 处的 Pb4d$_{3/2}$ 峰则归因于 Pb—OH 组分中 Pb 元素的特征峰。结合表 4.10 的数据可知，—O—Pb 组分中的 Pb 占总 Pb 组分的 58.42%，Pb—OH 组分中的 Pb 占总 Pb 组分的 41.58%。这表明铅组分是以—O—Pb 和 Pb—OH 的形式吸附在

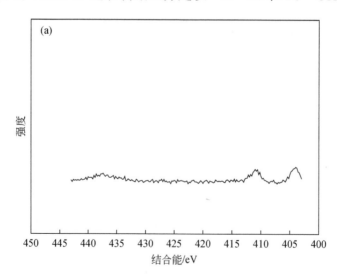

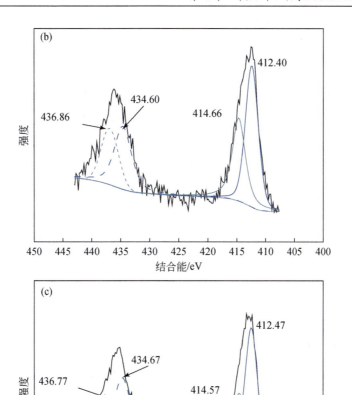

图 4.35　铅离子活化前后菱锌矿表面 Pb4d 谱图

（a）未处理；（b）经 2.5×10^{-4} mol/L 铅离子活化；（c）经 7.5×10^{-4} mol/L 铅离子活化后

表 4.10　铅离子活化前后菱锌矿表面 Pb4d 的结合能和 Pb 组分的相对含量

样品	结合能/eV		总 Pb 中的占比/%	
	—O—Pb	Pb—OH	—O—Pb	Pb—OH
（a）	—	—	—	—
（b）	412.40	414.66	58.42	41.58
（c）	412.47	414.57	68.77	31.23

注：（a）未处理；（b）经 2.5×10^{-4} mol/L 铅离子活化后；（c）经 7.5×10^{-4} mol/L 铅离子活化后。

菱锌矿表面。当所添加的铅离子浓度增加到 $7.5×10^{-4}$ mol/L 后,菱锌矿表面—O—Pb 组分中 Pb4d$_{5/2}$ 特征峰的结合能位于 412.47 eV 处,Pb—OH 组分中 Pb4d$_{5/2}$ 特征峰的结合能位于 414.57 eV 处。与低浓度铅离子处理后的菱锌矿表面的 Pb4d 特征峰谱图相比,高浓度铅离子活化后,菱锌矿表面 Pb—OH 组分的占比降低至 31.23%,Pb—OH 组分中 Pb4d 特征峰谱线所包围的面积明显变小;而—O—Pb 组分的占比增加至 68.77%。这说明加入高浓度的铅离子有利于矿物表面—O—Pb 组分的生成,并且—O—Pb 组分占比越大,矿物表面的活性越高。

　　采用 ToF-SIMS 对铅离子在菱锌矿表面的吸附行为以及形成的吸附层进行了研究,相关结果如图 4.36~图 4.38 所示。铅离子活化前后菱锌矿表面 Pb$^+$ 离子 ToF-SIMS 图像如图 4.36 所示。由图 4.36(a)可知,在未处理的菱锌矿表面检测到了零星的 Pb$^+$ 碎片信号峰,这一现象可能是由于仪器本身较为敏感,或者菱锌矿样品中自身存在微量铅杂质(0.35%)所致。经 $1×10^{-3}$ mol/L 的铅离子活化后,菱锌矿表面出现了强烈的 Pb$^+$ 碎片峰信号,这表明溶液中的铅组分能够吸附在菱锌矿表面。与锌组分相比,铅组分与硫离子具有更高的反应活性,因此在菱锌矿矿浆中添加铅离子有助于提高矿物表面的活性。

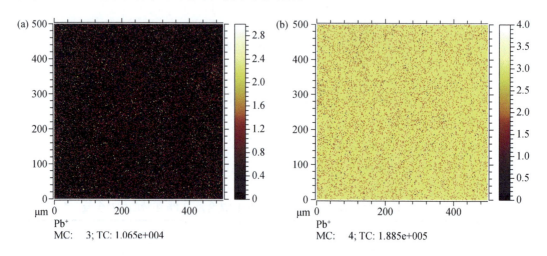

图 4.36　铅离子活化前后菱锌矿表面 Pb$^+$ 离子 ToF-SIMS 图像

(a)未处理;(b)经 $1×10^{-3}$ mol/L 铅离子活化后

　　为了进一步探明铅组分在菱锌矿表面的分布特性,对铅离子活化前后的菱锌矿表面进行了 ToF-SIMS 刻蚀试验,以获得铅离子在矿物表面的空间分布特征。铅离子活化前后菱锌矿表面正离子 ToF-SIMS 深剖曲线如图 4.37 所示,铅离子活

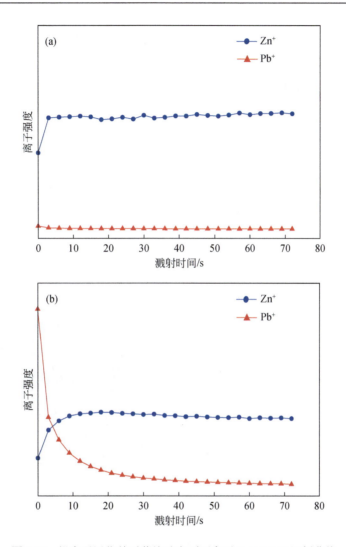

图 4.37　铅离子活化前后菱锌矿表面正离子 ToF-SIMS 深剖曲线

（a）未处理；（b）经 $1\times10^{-3}\,mol/L$ 铅离子活化后

化前后菱锌矿表面 Pb⁺离子 ToF-SIMS 深度剖析 3D 图如图 4.38 所示。在深剖曲线中，Zn⁺离子是菱锌矿的特征离子，从刻蚀曲线图中可以观察到，随着溅射时间的增加，Zn⁺离子的信号强度基本趋于平稳。这是因为在无其他药剂作用的情况下，菱锌矿表面仅存在 $ZnCO_3$ 组分，所以 Zn⁺离子强度无明显变化，同时也说明所选取的特征离子为该矿物本体存在的离子。从图 4.37（a）能够看出，在测试时间范围内，Pb⁺离子的信号强度远远低于 Zn⁺离子碎片峰的信号强度，并且 Pb⁺离子的信号强度随着溅射时间的增加基本趋于平稳，这表明未处理的菱锌矿表面存在的铅物质极少，间接证实了所使用的菱锌矿样品具有较高的纯度。

由图 4.37（b）可知，经过铅离子活化后，初始时矿物表面 Pb^+ 离子的信号强度明显高于菱锌矿本体 Zn^+ 离子的信号强度，随着刻蚀时间的延长，Pb^+ 离子的信号强度逐渐降低，当刻蚀时间达到 30 s 时趋于平稳。由于矿物表面正离子的深剖曲线是由矿物表面最上层逐渐向菱锌矿本体下层刻蚀而得到的，所以这一结果能够证明铅组分在矿物表面发生了吸附，并且有可能形成了一定厚度的铅组分吸附层。

从图 4.38 中可以观察到，未活化的菱锌矿表面 Pb^+ 离子的 3D 图中在纵向上分布着零星的 Pb^+ 离子碎片，说明菱锌矿中存在着微量的铅组分；经过铅离子活化后，矿物表面呈现出明显的铅离子覆盖层，表明溶液中的铅组分向矿物表面发生了迁移，进而在菱锌矿表面形成了一定厚度的铅组分吸附层。

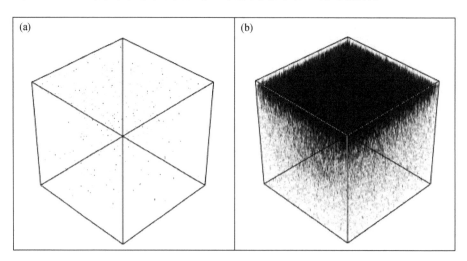

图 4.38　铅离子活化前后菱锌矿表面 Pb^+ 离子 ToF-SIMS 深度剖析 3D 图
（a）未处理；（b）经 1×10^{-3} mol/L 铅离子活化后

3. 铅离子对硫化的氧化锌矿物表面特性影响规律

通过 Zeta 电位测定来探究铅离子对硫化后的菱锌矿表面电位的影响，结果如图 4.39 所示。从图中可以看出，硫化的菱锌矿与铅离子作用后，矿物表面的 Zeta 电位在测试的 pH 范围内均向正方向发生偏移，说明带正电荷的铅组分吸附在硫化后的菱锌矿表面，为后续阴离子捕收剂在菱锌矿表面的作用提供了有利条件，对提升菱锌矿的浮选性能具有重要意义。

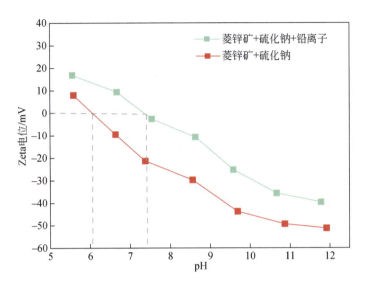

图 4.39　硫化钠-铅离子体系和直接硫化体系菱锌矿表面 Zeta 电位与 pH 的关系

4.3.2　铅离子-硫化钠体系氧化锌矿物表面硫化机理

通过 Zeta 电位来测定硫化前加入铅离子对菱锌矿表面电性的影响，其结果如图 4.40 所示。由图 4.40 可知，当菱锌矿与硫化钠发生作用后，矿物表面的 Zeta 电位整体呈现出向负方向的偏移，这表明溶液中带负电荷的硫组分吸附在了菱锌矿表面。与未处理的菱锌矿表面电位相比，铅离子活化后的菱锌矿表面电位发生了正向移动，说明带正电荷的铅组分吸附在了菱锌矿表面，增强了矿物表面的电位。进一步对比菱锌矿经铅离子和硫化钠共同处理后的表面电位与仅经铅离子活化后的表面电位，能够观察到前者进一步降低，这说明硫化钠可以吸附在铅离子预活化的菱锌矿表面上。通过对比菱锌矿在直接硫化和先经铅离子作用后再硫化这两种不同硫化条件下的表面电位差可以发现：在铅离子存在的情况下，硫化前后菱锌矿表面的 Zeta 电位差值更为明显，这表明该条件下从溶液中迁移至菱锌矿表面的硫组分数量更多。由此可知，菱锌矿经铅离子改性后，硫化钠依然能够稳定吸附于其表面，并且改性后的菱锌矿表面吸附了更多的硫组分，说明适量的铅离子对菱锌矿的硫化作用具有积极的促进意义。

为了进一步研究硫化钠在铅离子活化后的菱锌矿表面的吸附特性、铅离子作用后硫组分在矿物表面的分布特点，以及铅离子活化后对菱锌矿表面元素化学环境的影响，本研究借助 XPS 表征技术对不同作用条件下菱锌矿表面元素的组成及化学态的变化规律进行了分析。在试验过程中，硫化钠浓度被固定为 6×10^{-4} mol/L。

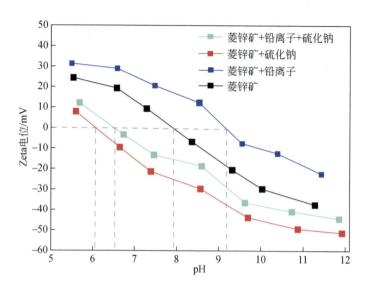

图 4.40　铅离子-硫化钠体系铅离子对菱锌矿表面 Zeta 电位的影响

图 4.41 为铅离子-硫化钠体系与其他体系菱锌矿表面的 XPS 谱图,与之对应的表
4.11 为铅离子-硫化钠体系与其他体系菱锌矿表面的原子浓度。与未处理的菱锌
矿表面相比,经硫化钠处理后的菱锌矿表面出现了 S2p 的信号峰。同时,矿物表
面 S2p 的原子浓度增加到 1.76%,C1s 和 O1s 的原子浓度分别从 17.13%和 55.85%
降低至 16.13%和 54.29%,而 Zn2p 则从 27.02%增加到 27.82%,这说明硫化钠溶
液中的硫组分吸附在了菱锌矿表面,并生成了 Zn—S 组分,导致矿物表面 C 和 O
的分布减少。新生成的 Zn—S 组分有利于获得更稳定的菱锌矿表面,从而为促进
捕收剂在菱锌矿表面的吸附创造了有利条件。

　　经浓度为 2.5×10^{-4} mol/L 的铅离子活化后再进行硫化,菱锌矿表面除了检测
到 C1s、O1s、Zn2p 和 S2p 的信号峰外,还检测到了 Pb4d 的信号峰,表明经铅
离子和硫化钠处理后,铅组分和硫组分均吸附在了菱锌矿表面。结合表 4.11 中的
数据可知,菱锌矿表面 Pb4d 的原子浓度达到 3.20%,表面 S2p 的原子浓度为
3.15%。与直接硫化相比,经铅离子活化后再硫化,矿物表面 S2p 的原子浓度增
加了 1.39%,Zn2p 的原子浓度从 27.82%降低至 27.50%,C1s 和 O1s 的原子浓度
也分别降低至 14.76%和 51.39%。这说明铅组分吸附在菱锌矿表面后降低了矿物
表面锌组分的分布,而铅组分在菱锌矿表面的吸附有利于矿浆溶液中的硫组分吸
附在矿物表面,从而导致矿物表面的 S2p 峰和原子浓度增强。

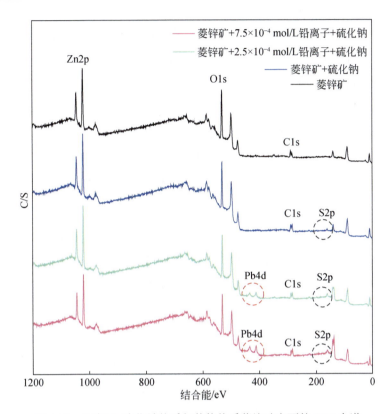

图 4.41　铅离子–硫化钠体系与其他体系菱锌矿表面的 XPS 全谱

表 4.11　铅离子–硫化钠体系与其他体系菱锌矿表面的原子浓度

样品	原子浓度/%				
	C1s	O1s	Zn2p	Pb4d	S2p
（a）	17.13	55.85	27.02	—	—
（b）	16.13	54.29	27.82	—	1.76
（c）	14.76	51.39	27.50	3.20	3.15
（d）	14.72	50.74	24.71	6.07	3.76

注：（a）未处理；（b）经硫化钠处理后；（c）经 2.5×10^{-4} mol/L 铅离子和硫化钠处理后；（d）经 7.5×10^{-4} mol/L 铅离子和硫化钠处理后。

当添加的铅离子浓度由 2.5×10^{-4} mol/L 升高至 7.5×10^{-4} mol/L 后，菱锌矿表面 S2p 和 Pb4d 的信号峰增强。其中，菱锌矿表面 S2p 的原子浓度从 3.15% 上升至 3.76%、Pb4d 的原子浓度由 3.20% 大幅增加至 6.07%，Pb4d 原子浓度的增加比例远大于 S2p 原子浓度的增加比例。结合铅组分在溶液中的分布规律进行分析，其原因可能在于，当矿浆中加入高浓度铅离子时，铅离子在溶液中水解产生大量的 $Pb(OH)^+$ 组分，导致吸附在菱锌矿表面的—O—Pb 组分大幅度增多。同时，溶液中剩余的铅组分消耗了部分硫化钠，使得与矿物表面铅位点作用的硫化钠用量不足。由此可知，矿浆中添加的铅离子浓度过高时，虽然大量铅组分吸附在菱锌矿表面使其表面活性得到显著增加，但易造成硫化剂用量不足，并且溶液中过剩的铅组分会继续消耗后续加入的黄药，从而对菱锌矿的硫化浮选产生不利影响。

为了探究铅离子在硫化过程中对菱锌矿表面元素化学环境的影响，对相关元素的谱图进行了分峰拟合处理。图 4.42 为铅离子-硫化钠体系与其他体系菱锌矿表面 C1s 的 XPS 谱图，从图中可以看出，与未硫化的菱锌矿相比，直接硫化后菱锌矿表面 CO_3^{2-} 的 C 元素峰值由 290.05 eV 偏移至 289.85 eV，偏移量为-0.20 eV，这是由于硫化钠与菱锌矿表面的锌离子发生反应所导致的。经过不同浓度铅离子活化后再硫化，与未处理的菱锌矿相比，菱锌矿表面 C 元素的结合能偏移程度较小，说明铅离子存在条件下硫化钠对菱锌矿表面碳酸根的影响较小，可能是因为硫组分与菱锌矿表面的铅离子反应较强，而与锌离子间的相互作用较弱所致。此

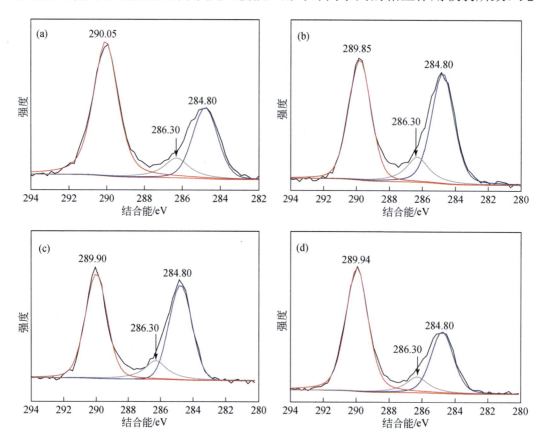

图 4.42   铅离子-硫化钠体系与其他体系菱锌矿表面 C1s 的 XPS 谱图

(a)未处理；(b)经硫化钠处理后；(c)经 $2.5×10^{-4}$ mol/L 铅离子和硫化钠处理后；(d)经 $7.5×10^{-4}$ mol/L 铅离子和硫化钠处理后

外，硫化后，菱锌矿碳酸根基团中 C 元素包围的面积明显减小，这是硫化后菱锌矿表面被硫组分覆盖的结果。

图 4.43 为铅离子-硫化钠体系与其他体系菱锌矿表面 O1s 的 XPS 谱图，与之对应的表 4.12 为菱锌矿表面 O1s 的结合能与 O 组分相对含量。从图 4.43 中可看出，与硫化钠作用后，菱锌矿表面 Zn—O/O—Pb 组分中 O 的 O1s 结合能偏移程度较小，说明硫化钠对菱锌矿表面 Zn—O/O—Pb 组分中 O 原子的化学环境影响较为有限，即矿物表面 Zn—O 或 O—Pb 组分中的 O 并非硫组分作用的活性位点。此外，硫化后菱锌矿表面—OH 的峰面积减小。结合表 4.12 知，与未处理的菱锌矿相比，直接硫化后菱锌矿表面 O—Pb/Zn—O 组分中的氧占比从 50.34%增加到 62.82%，而—OH 组分中的氧占比从 49.66%降低至 37.18%。其原因可能在于吸附在菱锌矿表面的羟基锌、羟基铅组分与硫化钠发生反应，生成了 Zn—S 与 Pb—S。

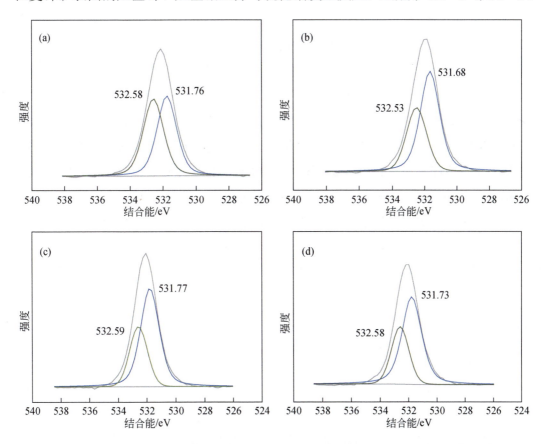

图 4.43　铅离子-硫化钠体系与其他体系菱锌矿表面 O1s 的 XPS 谱图

（a）未处理；（b）经硫化钠处理后；（c）经 2.5×10^{-4} mol/L 铅离子和硫化钠处理后；（d）经 7.5×10^{-4} mol/L 铅离子和硫化钠处理后

表4.12 铅离子–硫化钠体系与其他体系菱锌矿表面 O1s 结合能和 O 组分相对含量

样品	结合能/eV		总 O 中的占比/%	
	Zn—O/O—Pb	—OH	Zn—O/O—Pb	—OH
（a）	531.76	532.58	50.34	49.66
（b）	531.68	532.53	62.82	37.18
（c）	531.77	532.59	64.54	35.46
（d）	531.73	532.58	67.61	32.39

注：（a）未处理；（b）经硫化钠处理后；（c）经 2.5×10⁻⁴ mol/L 铅离子和硫化钠处理后；（d）经 7.5×10⁻⁴ mol/L 铅离子和硫化钠处理后。

与直接硫化相比，当菱锌矿经过 $2.5×10^{-4}$ mol/L 的铅离子、$7.5×10^{-4}$ mol/L 的铅离子活化后再硫化时，矿物表面—OH 组分中的氧占比分别下降了 1.72%、4.79%，这说明铅离子预活化后再硫化更有利于降低菱锌矿表面的疏水性基团，即铅离子预活化有利于获得疏水性更强的菱锌矿表面。

图 4.44 为铅离子-硫化钠体系与其他体系菱锌矿表面 Zn2p 谱图。硫化后，菱锌矿表面的 $Zn2p_{3/2}$ 峰值由 1022.42 eV 偏移至 1022.17 eV，偏移程度达到 0.25 eV，说明硫化钠的加入对菱锌矿表面锌元素的化学环境产生了影响，同时也说明锌原子是硫化钠在菱锌矿表面作用的活性位点，两者能够在菱锌矿表面形成 Zn—S。与未处理的菱锌矿相比，经铅离子改性后再硫化的菱锌矿表面 $Zn2p_{3/2}$ 的峰值分别偏移了 -0.18 eV、-0.12 eV，且与直接硫化相比，偏移程度变小，这表明菱锌矿表面覆盖的铅组分会减弱硫化钠与菱锌矿表面锌原子之间的相互作用，在硫化过程中硫化钠主要与矿物表面的铅组分发生反应。

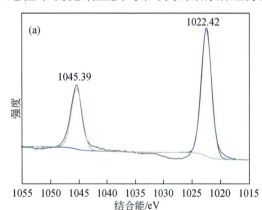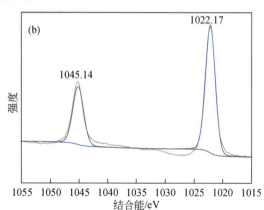

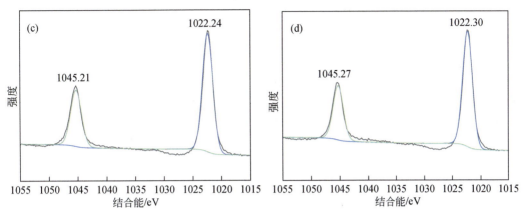

图 4.44　铅离子-硫化钠体系与其他体系菱锌矿表面 Zn2p 谱图

（a）未处理；（b）经硫化钠处理后；（c）经 2.5×10⁻⁴ mol/L 铅离子和硫化钠处理
后；（d）经 7.5×10⁻⁴ mol/L 铅离子和硫化钠处理后

图 4.45 为铅离子-硫化钠体系与其他体系菱锌矿表面 Pb4d 谱图。对比图 4.45
（a）与图 4.45（c）可以发现，对于经 2.5×10⁻⁴ mol/L 的铅离子活化后的菱锌矿，
在硫化之后，矿物表面 O—Pb 组分中 Pb 的 Pb 4d$_{5/2}$ 峰值由 412.40 eV 偏移至 412.18 eV
处，产生了-0.22 eV 的偏移，暗示了硫化钠能够与菱锌矿表面的 O—Pb 组分作用，
进而在矿物表面生成有利于捕收剂作用的 Pb—S 组分。此外，硫化后菱锌矿表面
Pb—OH 组分所包围的面积减小，进一步表明硫化过程对增强菱锌矿表面的疏水性
起到了促进作用，为后续浮选创造了更有利的条件。对比图 4.45（b）与图 4.45（d）
后可以发现，经 7.5×10⁻⁴ mol/L 的铅离子活化后的菱锌矿，硫化后矿物表面 O—Pb
组分的 Pb4d$_{5/2}$ 峰值由 412.47 eV 偏移至 412.27 eV 处，偏移量为-0.20 eV；同时，
硫化后菱锌矿表面 Pb—OH 组分所包围的面积无明显变化。这一结果说明经高浓
度铅离子活化后，硫化钠主要与菱锌矿表面的 O—Pb 组分发生反应。

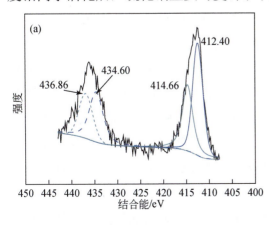

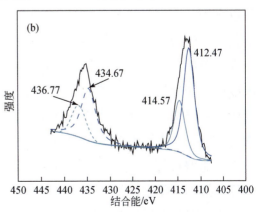

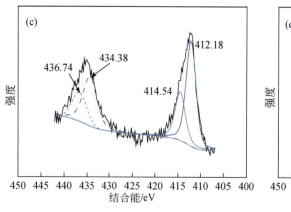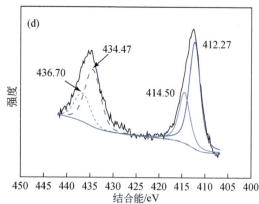

图 4.45 铅离子-硫化钠体系与其他体系菱锌矿表面 Pb4d 谱图

（a）未处理；（b）经硫化钠处理后；（c）经 2.5×10^{-4} mol/L 铅离子和硫化钠处理后；（d）经 7.5×10^{-4} mol/L 铅离子和硫化钠处理后

图 4.46 为铅离子-硫化钠体系与其他体系菱锌矿表面 S2p 谱图，与之对应的表 4.13 为菱锌矿表面 S2p$_{3/2}$ 的结合能和 S 组分相对含量。由图 4.46（a）知，未经处理的菱锌矿表面并未检测出 S2p 的信号峰。如图 4.46（b）所示，硫化后，菱锌矿表面出现了具有相同化学性质且呈单一对称的 S2p$_{3/2}$ 和 S2p$_{1/2}$ 信号峰，两峰之间的间隔为 1.18 eV，峰面积比为 2∶1。根据文献报道，硫化后的菱锌矿表面会出现锌的单硫化物（ZnS）与锌的多硫化物（ZnS$_n$），因此出现在 161.43 eV 与 162.61 eV 处的结合能归因于单硫化锌的 S2p$_{3/2}$、S2p$_{1/2}$；而出现在 162.10 eV 与 163.28 eV 处的结合能则归因于多硫化锌的 S2p$_{3/2}$、S2p$_{1/2}$。结合表 4.13，直接硫化时，菱锌矿表面单硫化锌（ZnS）的占比为 60.01%，菱锌矿表面多硫化锌（ZnS$_n$）的占比为 39.99%。当菱锌矿经 2.5×10^{-4} mol/L 的铅离子活化后再硫化时，与直接硫化相比，菱锌矿表面 S 组分的分布发生了明显改变。从图 4.46（c）中可以看到，菱锌矿表面单硫化物（S^{2-}）中 S2p 谱线所包围的面积明显减小，多硫化物（S$_n^{2-}$）中 S2p 谱线所包围的面积明显增加。结合表 4.13 进一步可知，矿物表面单硫化物的含量降低至 24.36%，多硫化物的含量增加至 75.64%，说明低浓度铅离子对菱锌矿的活化，有利于 S$_n^{2-}$ 组分在菱锌矿表面的生成；与直接硫化相比，菱锌矿表面单硫化物 S2p$_{3/2}$ 的峰值由 161.43 eV 偏移至 160.45 eV，多硫化物的 S2p$_{3/2}$ 的峰值由 162.10 eV 偏移至 161.70 eV，矿物表面单硫化物与多硫化物的结合能偏移程度较大。结合铅离子能够吸附在菱锌矿表面的结论及过往文献报道可以推断，硫化钠与铅离子预先改性的菱锌矿反应后，矿物表面有硫化铅组分的生成。因此，经低浓度铅离子活化后再硫化，菱锌矿表面的硫组分以铅的单硫

化物与铅的多硫化物为主。菱锌矿经 7.5×10^{-4} mol/L 的铅离子活化后再硫化，与直接硫化相比，菱锌矿表面多硫化物的占比同样明显增加，由表 4.13 知，菱锌矿表面多硫化物的比例由 39.99% 增加至 63.39%。经高浓度铅离子活化后，菱锌矿表面单硫化物 $S2p_{3/2}$ 的峰值为 160.42 eV，多硫化物 $S2p_{3/2}$ 的峰值为 161.78 eV，与低浓度铅离子活化后的菱锌矿表面硫组分拟合结果相比，硫组分的结合能无明显变化。

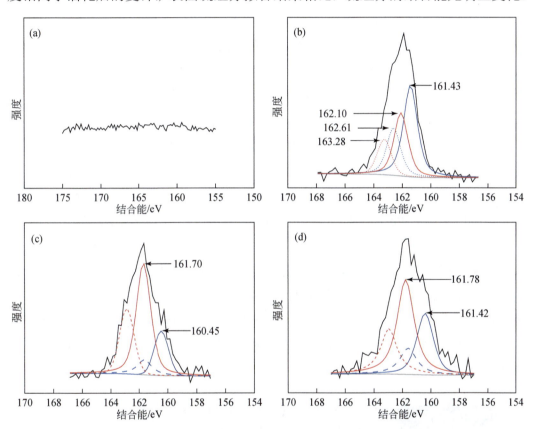

图 4.46　铅离子–硫化钠体系与其他体系菱锌矿表面 S2p 谱图

（a）未处理；（b）经硫化钠处理后；（c）经 2.5×10^{-4} mol/L 铅离子和硫化钠处理
后；（d）经 7.5×10^{-4} mol/L 铅离子和硫化钠处理后

表 4.13　铅离子–硫化钠体系与其他体系菱锌矿表面 $S2p_{3/2}$ 结合能和 S 组分相对含量

样品	$S2p_{3/2}$ 结合能/eV		总 S 中的占比/%	
	S^{2-}	S_n^{2-}	S^{2-}	S_n^{2-}
（a）	—	—	—	—
（b）	161.43	162.10	60.01	39.99
（c）	160.45	161.70	24.36	75.64
（d）	160.42	161.78	36.61	63.39

注：（a）未处理；（b）经硫化钠处理后；（c）经 2.5×10^{-4} mol/L 铅离子和硫化钠处理后；（d）经 7.5×10^{-4} mol/L 铅离子和硫化钠处理后。

金属硫化矿表面轻微氧化有利于矿物疏水上浮，而 S_n^{2-} 是硫化钠在矿物表面轻微氧化的结果，多硫化物的生成可以提高菱锌矿表面的反应活性，有利于后续的浮选回收。研究发现，铅离子活化后的菱锌矿表面可以生成更多有利于浮选的多硫化物，且低浓度铅离子的加入更有利于菱锌矿表面 Pb—S_n 组分的生成。

为深入探究铅离子对菱锌矿表面硫化效果的影响，本研究针对未处理的菱锌矿表面、硫化钠处理后的菱锌矿表面，以及铅离子与硫化钠共同处理后的菱锌矿表面的 S^- 离子、S_2^- 离子和 Pb^+ 离子的 ToF-SIMS 图像进行了对比研究，试验中所采用的硫化钠和 $Pb(NO_3)_2$ 的浓度均为 1×10^{-4} mol/L，相应结果如图 4.47～图 4.49 所示。通过对图 4.47 与图 4.48 分析可知，未处理的菱锌矿表面几乎不存在 S^- 离子、S_2^- 离子的分布迹象，而在硫化处理后，矿物表面出现了明显的 S^- 离子、S_2^- 离子信号。这一变化说明，在硫化过程中，溶液中的硫组分吸附在了菱锌矿表面。由于未添加铅离子，无论是在未处理的菱锌矿表面，还是硫化钠处理后的菱锌矿表面，所检测到的 Pb^+ 离子信号都极其微弱，如图 4.49（a）与图 4.49（b）所示。然而，当引入铅离子后，菱锌矿表面 Pb^+ 离子信号明显增强，具体见图 4.49（c）。这表明铅离子活化后菱锌矿表面吸附了大量铅组分。与直接硫化相比，菱锌矿经铅离子活化后再硫化，矿物表面 S^- 离子、S_2^- 离子的信号强度得到了明显增强，如图 4.47（b）～（c）、图 4.49（b）～（c）所示。这说明硫化钠能够与铅离子预先活化的菱锌矿表面发生化学反应，而且铅离子的加入可以促使更多的硫组分吸附在菱锌矿表面。

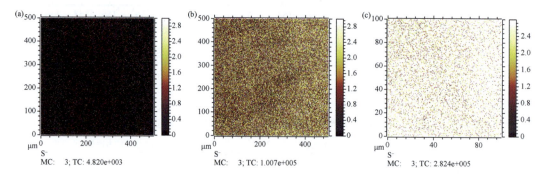

图 4.47 铅离子-硫化钠体系与其他硫化体系菱锌矿表面 S^- 离子 ToF-SIMS 图像

（a）未处理；（b）经硫化钠处理后；（c）经铅离子和硫化钠处理后

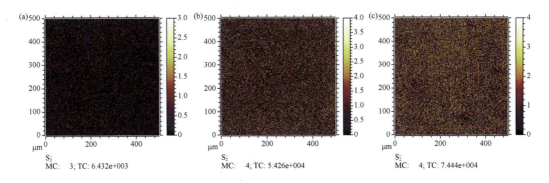

图 4.48　铅离子-硫化钠体系与其他体系菱锌矿表面 S_2^- 离子 ToF-SIMS 图像

（a）未处理；（b）经硫化钠处理后；（c）经铅离子和硫化钠处理后

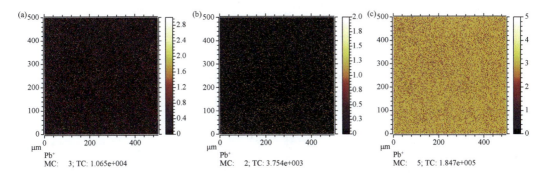

图 4.49　铅离子-硫化钠体系与其他体系菱锌矿表面 Pb^+ 离子 ToF-SIMS 图像

（a）未处理；（b）经硫化钠处理后；（c）经铅离子和硫化钠处理后

　　通过检测菱锌矿表面硫化吸附层的信号强度，能够较为直观地判断铅离子对矿物硫化的影响程度。因此，本研究对铅离子-硫化钠体系与其他体系菱锌矿表面进行了刻蚀试验，所得结果如图 4.50～图 4.53 所示。其中，图 4.50 为铅离子-硫化钠体系与其他体系菱锌矿表面负离子的 ToF-SIMS 深剖曲线，图 4.51、图 4.52和图 4.53 则分别对应不同条件下菱锌矿表面 S^- 离子、S_2^- 离子、Pb^+ 离子的 ToF-SIMS 深度剖析 3D 图。试验选取 CO_3^- 离子作为菱锌矿的本体离子，从深剖曲线能够观察到，随着刻蚀时间的逐步增加，CO_3^- 离子的信号强度趋于平稳，即矿物内部的组分构成具有良好的稳定性。由图 4.50（a）可知，在测试时间范围内，S^- 离子与 S_2^- 离子的信号强度远远低于 CO_3^- 离子的信号强度，并且这两种离子的信号强度并没有随着刻蚀时间的延长而发生改变，证明矿物表面未受到硫物质的污染。当硫化钠与矿物表面发生作用后［图 4.50（b）］，可以明显看出，在 6 s与 2 s 之前，S^- 离子与 S_2^- 离子的信号强度强于 CO_3^- 离子的信号强度，随后 S^- 离子与 S_2^- 离子的信号强度降低，这表明硫化后菱锌矿表面形成了硫化层。而当菱锌矿

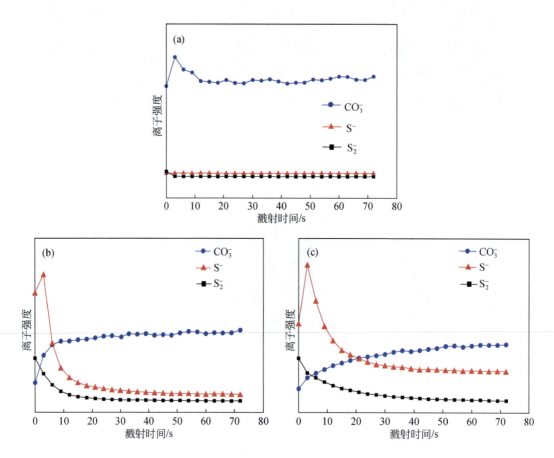

图 4.50 铅离子-硫化钠体系与其他体系菱锌矿表面负离子的 ToF-SIMS 深剖曲线

（a）未处理；（b）经硫化钠处理后；（c）经铅离子和硫化钠处理后

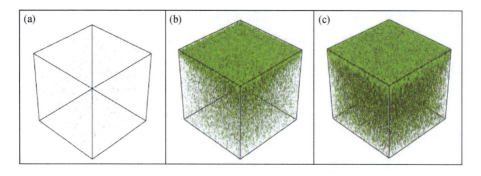

图 4.51 铅离子-硫化钠体系与其他体系菱锌矿表面 S^- 离子 ToF-SIMS 深度剖析 3D 图

（a）未处理；（b）经硫化钠处理后；（c）经铅离子和硫化钠处理后

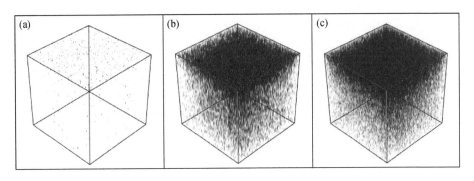

图 4.52 铅离子-硫化钠体系与其他体系菱锌矿表面 S_2^- 离子 ToF-SIMS 深度剖析 3D 图

(a) 未处理；(b) 经硫化钠处理后；(c) 经铅离子和硫化钠处理后

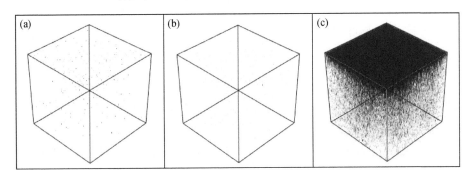

图 4.53 铅离子-硫化钠体系与其他体系菱锌矿表面 Pb^+ 离子 ToF-SIMS 深度剖析 3D 图

(a) 未处理；(b) 经硫化钠处理后；(c) 经铅离子和硫化钠处理后

经铅离子预先活化后再硫化时 [图 4.50（c）]，可以发现矿物表面的 S^- 离子信号强度在 21 s 后才逐渐低于 CO_3^- 离子的信号强度，S_2^- 离子的信号强度在 30 s 后趋于稳定。与直接硫化相比，菱锌矿经铅离子活化后再硫化，其表面 S^- 离子与 S_2^- 离子的信号强度更加明显。这说明菱锌矿经铅离子活化后，矿物表面的活性位点数量增加，促进了硫化钠在菱锌矿表面的吸附，从而增加了菱锌矿表面硫化层的厚度。

从图 4.51～图 4.53 中可以更为直观地看出，未处理的菱锌矿表面并未检测出明显的 S^- 离子、S_2^- 离子、Pb^+ 离子信号，只有经铅离子与硫化钠处理后，矿物表面才出现明显的硫离子、铅离子信号，这进一步佐证了所使用的菱锌矿样品具有较高的纯度。与直接硫化相比，菱锌矿经铅离子预先活化后再硫化，矿物表面中间层的 S^- 离子信号增强 [如图 4.51（b）和（c）所示]，说明铅离子的引入不仅可以增厚矿物表面的硫化层，还可使矿物表面硫化层变得更加致密，提升了硫化层的质量。此外，铅离子预先活化后，菱锌矿表面 S_2^- 离子信号强度增强，S_2^- 离子覆盖层变厚［如图 4.52（b）和（c）所示］，说明铅离子的加入不仅有助于促进菱锌矿表面单硫化物的生成，还有利于菱锌矿表面多硫化物的生成，丰富了菱锌矿表面硫化物的种类。

4.3.3　硫化钠-铅离子体系氧化锌矿物表面硫化机理

为探究铅离子在硫化后的菱锌矿表面的吸附特性，以及铅离子对硫化后菱锌矿表面组分分布的影响，本研究借助 XPS 表征技术，对硫化钠-铅离子体系与直接硫化体系菱锌矿表面元素的组成及化学态的变化规律进行了分析。试验过程中，所使用的硫化钠浓度均为 6×10^{-4} mol/L。图 4.54 为硫化钠-铅离子体系与直接硫化体系菱锌矿表面的 XPS 全谱图，与之对应的表 4.14 为硫化钠-铅离子体系与直接硫化体系菱锌矿表面的原子浓度。从图 4.54 中可以看出，当硫化钠与菱锌矿发生作用后，菱锌矿表面仅仅出现了相对较弱的 S2p 信号峰，并未检测到 Pb4d 的信号峰。在矿浆中加入铅离子后，硫化菱锌矿表面的 S2p 信号峰有所增强，同时矿物表面也出现了 Pb4d 的信号峰，并且随着铅离子浓度的逐步升高，菱锌矿表面 Pb4d 的信号峰强度也随之增强，表明铅组分可以吸附在硫化后菱锌矿表面。

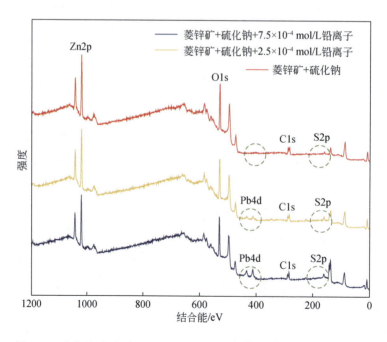

图 4.54　硫化钠-铅离子体系与直接硫化体系菱锌矿表面的 XPS 全谱图

表 4.14　硫化钠–铅离子体系与直接硫化体系菱锌矿表面的原子浓度

样品	原子浓度/%				
	C1s	O1s	Zn2p	Pb4d	S2p
（a）	16.14	54.29	27.82	—	1.76
（b）	12.83	51.20	29.02	3.03	3.88
（c）	13.32	51.19	24.94	6.26	4.30

注：（a）经硫化钠处理后；（b）经硫化钠和 2.5×10^{-4} mol/L 铅离子处理后；（c）经硫化钠和 7.5×10^{-4} mol/L 铅离子处理后。

从表 4.14 中的数据能够更为直观地看出，在矿浆中加入铅离子后，菱锌矿表面本体 C1s、O1s 的原子含量出现了一定程度的下降，而矿物表面 S2p 的含量分别增加了 2.12%、2.54%。这可能是由于溶液中的铅组分与溶液中的硫组分发生化学反应，生成的 Pb—S 组分沉淀并附着在菱锌矿表面所致，因此，在硫化之后添加铅离子，依然能够进一步促进菱锌矿表面的硫化过程，强化硫化效果。进一步对比不同铅离子浓度下菱锌矿表面 Zn 元素的含量变化，发现与直接硫化相比，添加低浓度铅离子时，菱锌矿表面 Zn 元素的含量有所上升；而添加高浓度铅离子时，菱锌矿表面 Zn 元素的含量则有所下降。这可能是由于低浓度铅离子的添加使得更多的硫组分能够吸附在菱锌矿表面，进而进一步降低了菱锌矿自身的溶解度，使得 Zn 元素在表面的相对含量有所增加；而当添加高浓度铅离子时，矿物表面吸附的大量硫化铅组分遮蔽了菱锌矿表面，从而导致矿物表面 Zn 原子的含量降低。

为进一步明确铅离子的添加对硫化后菱锌矿表面硫组分的影响，本研究对硫化钠-铅离子体系与直接硫化体系菱锌矿表面 Zn、C、O、S 元素进行了分峰拟合处理，拟合后的谱图分别如图 4.55～图 4.58 所示。

图 4.55 为硫化钠-铅离子体系与直接硫化体系菱锌矿表面的 C1s 谱图。从图中可以看出，与直接硫化相比，当先对菱锌矿进行硫化，再使其与铅离子发生反应后，菱锌矿表面碳酸根中 C1s 的结合能仅仅偏移了 0.06 eV，偏移程度较小，表明铅离子对碳酸根的化学环境几乎没有产生影响，碳酸根在铅离子存在的硫化环境下依然保持着相对稳定的化学状态。

图 4.56 为硫化钠-铅离子体系与直接硫化体系菱锌矿表面 O1s 的谱图，表 4.15 为不同条件下菱锌矿表面 O1s 结合能和 O 组分相对含量表。由图 4.56 知，在添加铅离子之后，菱锌矿表面 O1s 的结合能未发生明显的偏移，说明硫化后菱锌矿表面的 O 位点并非铅组分作用的活性位点，铅离子与 O 位点之间的相互作用较

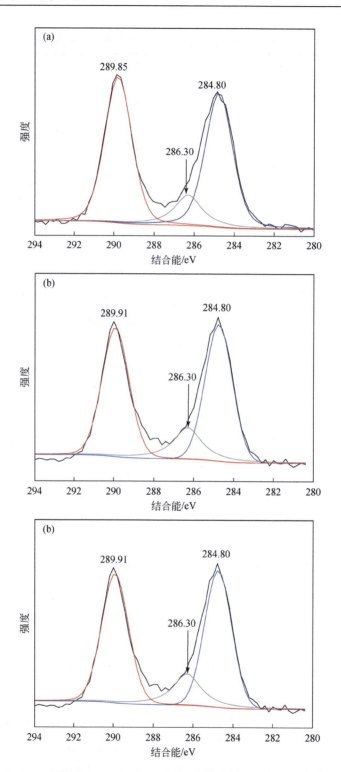

图 4.55　硫化钠–铅离子体系与直接硫化体系菱锌矿表面 C1s 谱图

（a）经硫化钠处理后；（b）经硫化钠和 2.5×10^{-4} mol/L 铅离子处理后；（c）经硫化钠和 7.5×10^{-4} mol/L 铅离子处理后

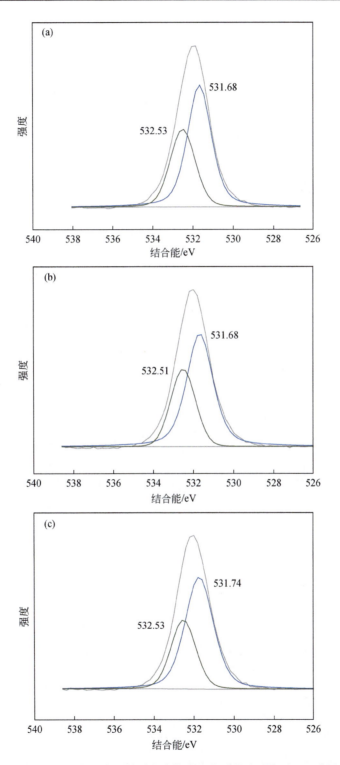

图 4.56　硫化钠-铅离子体系与直接硫化体系菱锌矿表面 O1s 谱图

（a）经硫化钠处理后；（b）经硫化钠和 2.5×10⁻⁴ mol/L 铅离子处理后；（c）经硫化钠和 7.5×10⁻⁴ mol/L 铅离子处理后

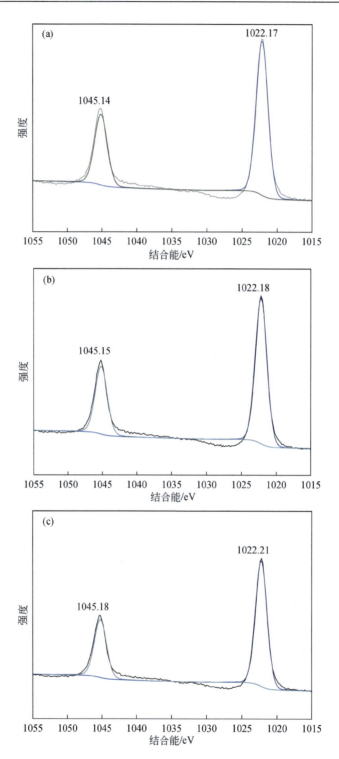

图 4.57　硫化钠–铅离子体系与直接硫化体系菱锌矿表面 Zn2p 谱图

（a）经硫化钠处理后；（b）经硫化钠和 $2.5×10^{-4}$ mol/L 铅离子处理后；（c）经硫化钠和 $7.5×10^{-4}$ mol/L 铅离子处理后

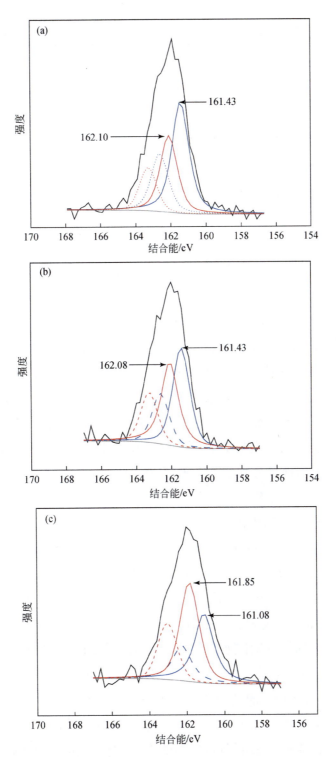

图 4.58　硫化钠-铅离子体系与直接硫化体系菱锌矿表面 S2p 谱图

（a）经硫化钠处理后；（b）经硫化钠和 2.5×10⁻⁴ mol/L 铅离子处理后；（c）经硫化钠和 7.5×10⁻⁴ mol/L 铅离子处理后

表 4.15 硫化钠-铅离子体系与直接硫化体系菱锌矿表面 O1s 结合能和 O 组分相对含量

样品	结合能/eV		总 O 中的占比/%	
	Zn—O	—OH	Zn—O	—OH
（a）	531.68	532.53	62.82	37.18
（b）	531.68	532.51	64.85	35.15
（c）	531.74	532.53	66.66	33.34

注：（a）经硫化钠硫化处理后；（b）经硫化钠和 2.5×10^{-4} mol/L 铅离子处理后；（c）经硫化钠和 7.5×10^{-4} mol/L 铅离子处理后。

弱。再结合表 4.15 中的数据进一步分析，当矿浆中引入铅离子后，菱锌矿表面 —OH 组分的含量出现了一定程度的降低，其原因可能是铅离子的加入进一步促进了硫组分在矿物表面的吸附，而羟基组分含量的减少意味着矿物表面的亲水性减弱，疏水性增强，即铅离子在硫化的菱锌矿表面的作用有利于提高菱锌矿表面的疏水性。

图 4.57 为硫化钠-铅离子体系与直接硫化体系菱锌矿表面 Zn2p 的谱图。从图中可以看出，铅离子的添加对菱锌矿表面 Zn 元素结合能的影响较弱，表明硫化后溶液中的铅组分对菱锌矿表面锌组分的化学环境的影响干扰极小，菱锌矿表面的锌组分处于相对稳定的状态，其化学性质并未因铅离子的加入而发生明显改变。

图 4.58 为硫化钠-铅离子体系与直接硫化体系菱锌矿表面 S2p 的谱图，与之对应的表 4.16 为不同条件下菱锌矿表面 S2p 结合能和 S 组分相对含量表。在直接硫化时，菱锌矿表面出现了分别位于 161.43 eV 处和 162.10 eV 处的 $S2p_{3/2}$ 信号峰，其中位于 161.43 eV 处的 $S2p_{3/2}$ 峰可归因于单硫化锌中的 S 元素，位于 162.10 eV 处的 $S2p_{3/2}$ 峰归因于多硫化锌中的 S 元素。当矿浆中添加 2.5×10^{-4} mol/L 的铅离子后，与直接硫化相比，菱锌矿表面 S2p 的结合能几乎没有变化，说明引入低浓度的铅离子时，菱锌矿表面的硫组分仍以单硫化锌和多硫化锌为主。结合表 4.16 中的数据可知，加入低浓度铅离子后，菱锌矿表面单硫化物的占比由 60.01% 降低至 51.05%，而多硫化物的占比则由 39.99% 增加至 48.95%，说明铅离子的加入有利于菱锌矿表面多硫化物的形成，优化了硫组分的分布。当矿浆中添加 7.5×10^{-4} mol/L 的铅离子后，与直接硫化相比，菱锌矿表面 S2p 的结合能发生了较为明显的偏移，其中 S^{2-} 的结合能由 161.43 eV 偏移至 161.08 eV 处，S_n^{2-} 的结合能由 162.10 eV 偏移至 161.85 eV 处。再结合表 4.16 中的数据进一步分析，加入高浓度铅离子后，菱锌矿表面多硫化物的占比大幅增加了 15.59%。通过对比未经铅离子活化和低浓度铅离子活化的硫化菱锌矿表面可知，高浓度铅离子活化

后，硫化菱锌矿表面的 S 组分结合能偏移幅度较大，表面硫组分的组成发生了明显改变，矿物表面的高活性多硫化物含量明显增加。这一现象可能是由于菱锌矿表面覆盖了大量的硫化铅组分所导致的。当引入铅离子后，溶液中的铅组分会与硫化菱锌矿表面的硫位键合形成—S—Pb 组分，同时，铅组分会与溶液中残留的硫组分反应生成 Pb—S 沉淀物并罩盖在矿物表面，进而导致硫化后的菱锌矿表面产生高活性的硫化铅组分。

表 4.16 硫化钠-铅离子体系与直接硫化体系菱锌矿表面 $S2p_{3/2}$ 结合能和 S 组分相对含量

样品	$S2p_{3/2}$ 结合能/eV		总 S 中的占比/%	
	S^{2-}	S_n^{2-}	S^{2-}	S_n^{2-}
(a)	161.43	162.10	60.01	39.99
(b)	161.43	162.08	51.05	48.95
(c)	161.08	161.85	44.42	55.58

注：(a) 经硫化钠硫化处理后；(b) 经硫化钠和 2.5×10^{-4} mol/L 铅离子处理后；(c) 经硫化钠和 7.5×10^{-4} mol/L 铅离子处理后。

利用 ToF-SIMS 进一步研究了硫化后铅离子的加入对菱锌矿表面硫化产物以及硫化效果的作用机制，并对所得结果进行了可视化分析。图 4.59～图 4.61 为铅离子活化前后硫化菱锌矿表面离子的 ToF-SIMS 图像。通过对这些图像的观察可知，在未引入铅离子时，硫化菱锌矿表面出现了明显的 S^- 离子和 S_2^- 离子信号，

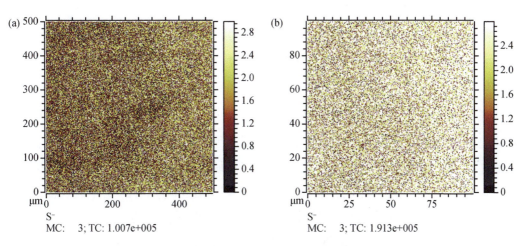

图 4.59 硫化钠-铅离子体系与直接硫化体系菱锌矿表面 S^- 离子 ToF-SIMS 图像

(a) 经硫化钠处理后；(b) 经硫化钠和铅离子处理后

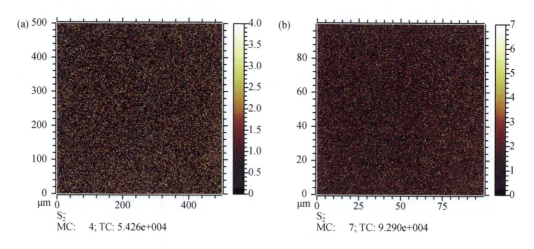

图 4.60　硫化钠-铅离子体系与直接硫化体系菱锌矿表面 S_2^- 离子 ToF-SIMS 图像

（a）经硫化钠处理后；（b）经硫化钠和铅离子处理后

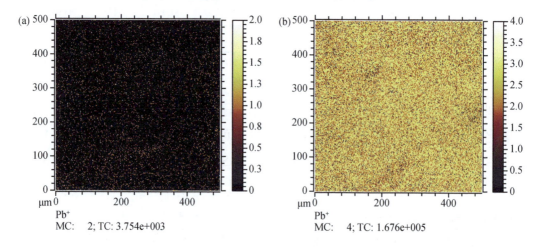

图 4.61　硫化钠-铅离子体系与直接硫化体系菱锌矿表面 Pb^+ 离子 ToF-SIMS 图像

（a）经硫化钠处理后；（b）经硫化钠和铅离子处理后

且由于仪器自身具有较高的灵敏度，出现了微弱的 Pb^+ 离子信号。随着铅离子的加入，矿物表面 S^- 离子和 S_2^- 离子的信号强度明显增强，同时，在菱锌矿表面检测到了较强的 Pb^+ 离子信号。这说明，菱锌矿硫化之后再引入铅离子，对矿物表面的硫化过程具有促进作用，而且铅离子能够吸附在硫化后的菱锌矿表面，并在矿物表面生成 Pb—S 组分，为后续黄药的吸附提供活性位点。

图 4.62 为菱锌矿表面负离子 ToF-SIMS 深剖曲线。从图 4.62（a）中能够发现，在直接硫化的情况下，矿物表面 S^- 离子在 6 s 前的信号强度要强于菱锌矿本体离子 CO_3^- 离子的信号强度，同样地，S_2^- 离子在 2 s 前的信号强度也强于 CO_3^- 离

子的信号强度。然而，在引入铅离子后，刻蚀时间超过 12 s 后，矿物表面的 S^- 离子信号强度才逐渐低于 CO_3^- 离子的信号强度，并且 S_2^- 离子信号强度高于 CO_3^- 离子的持续刻蚀时间也有所增加，如图 4.62（b）所示。这说明引入铅离子后，硫化菱锌矿表面的硫化层厚度有所增加，硫化效果得到进一步优化。

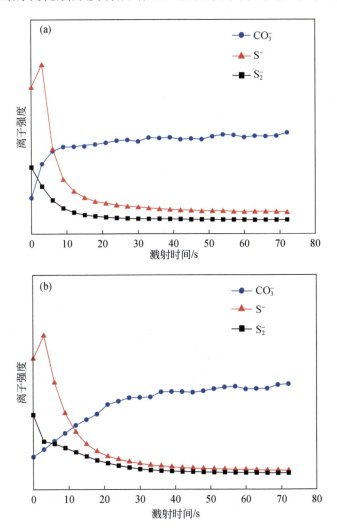

图 4.62　硫化钠-铅离子体系与直接硫化体系菱锌矿表面负离子 ToF-SIMS 深剖曲线

（a）经硫化钠处理后；（b）经硫化钠和铅离子处理后

图 4.63 与图 4.64 分别为直接硫化和硫化后加入铅离子继续作用的菱锌矿表面 S^- 离子、S_2^- 离子与 Pb^+ 离子的 ToF-SIMS 深度剖析 3D 图。从这些图像中可以清楚地看出，在直接硫化时，菱锌矿表面并未呈现出 Pb^+ 离子的纵向分布，而当硫化的菱锌矿与铅离子作用后，矿物表面呈现出明显的铅组分覆盖层，说明溶液

中的铅组分向菱锌矿表面发生了迁移，使得矿物表面生成了具有一定厚度的铅组分吸附层。此外，铅离子在硫化的菱锌矿表面作用后，S^-离子与S_2^-离子在矿物表面的空间分布变得更加致密。因此，菱锌矿表面 S^-离子、S_2^-离子与 Pb^+离子的 ToF-SIMS 深度剖析 3D 图结果进一步证明硫化后引入一定浓度的铅离子能够促进菱锌矿表面继续硫化，从而促使菱锌矿表面活性硫组分的含量得以增加，为后续黄原酸盐的作用提供有利条件。

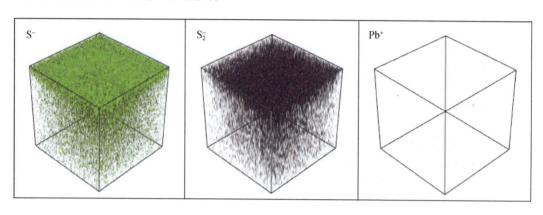

图 4.63　直接硫化体系菱锌矿表面离子 ToF-SIMS 深度剖析 3D 图

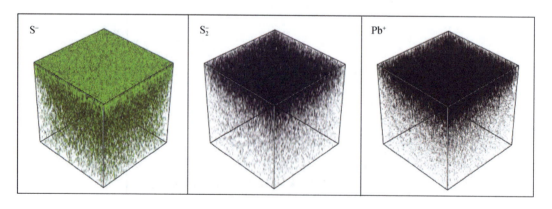

图 4.64　硫化钠-铅离子体系菱锌矿表面离子 ToF-SIMS 深度剖析 3D 图

4.3.4　铅离子-硫化钠-铅离子体系氧化锌矿物表面硫化机理

通过对铅离子-硫化钠体系和硫化钠-铅离子体系的研究，已经明确了铅离子在硫化前后不同顺序加入时对菱锌矿表面硫化的影响规律。在前述两种体系研究的基础上，进一步探究铅离子-硫化钠-铅离子梯级活化体系对菱锌矿表面硫化过程的影响，将有助于更全面地理解铅离子在氧化锌矿物表面硫化过程中的活化机制。本研究采用 XPS 技术对铅离子梯级活化前后菱锌矿表面的元素组成及化学态的演变规律进行了分析。在试验进程中，固定第一阶段活化的铅离子浓度为 9×10^{-4} mol/L、硫化钠浓度为 3×10^{-4} mol/L、第二阶段活化的铅离子浓度为 6×10^{-4} mol/L。铅离子–硫化钠–铅离子体系与其他体系菱锌矿表面 XPS 全谱图和原子浓度如图 4.65 所示。

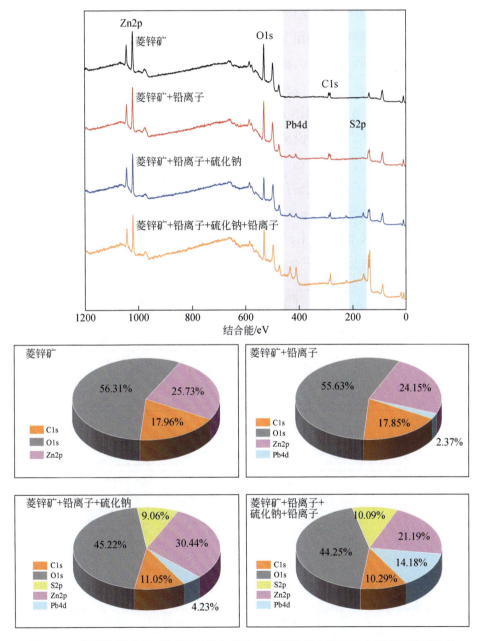

图 4.65 铅离子–硫化钠–铅离子体系与其他体系菱锌矿表面 XPS 全谱图和原子浓度

未处理菱锌矿表面的 XPS 全谱中仅呈现出元素 C、O、Zn 的特征峰，C1s、O1s 和 Zn2p 的原子浓度分别为 17.96%、56.31%和 25.73%。相较于未经处理的原矿样本，菱锌矿表面经 $2.5×10^{-4}$ mol/L 的第一阶段铅离子活化后，能谱中出现了 Pb4d 的特征峰，且 Pb4d 的原子浓度达 2.37%。同时，C1s、O1s 和 Zn2p 的原子浓度分别降低至 17.85%、55.63%和 24.15%，此现象归因于铅离子在菱锌矿表面的吸附导致的结果。第一阶段添加的铅离子能够稳固吸附于菱锌矿表面，促使矿物表面生成高反应活性的含铅组分，为后续硫化过程的进行奠定基础。当菱锌矿经铅离子预活化后再硫化时，矿物表面检测到 S2p 的特征峰，表明矿物表面存在硫化物组分。值得注意的是，经第二阶段铅离子活化后，菱锌矿表面的 Pb4d 和 S2p 的特征峰强度均增加，铅组分和硫组分的浓度分别从 4.23%、9.06%增加至 14.18%、10.09%，该结果表明铅离子梯级活化促进了矿物表面的硫化过程，为后续捕收剂在矿物表面的作用创造了有利的环境。

为深入探究铅离子在硫化前后对菱锌矿表面元素化学态的影响，对相关元素的谱图进行了分峰拟合处理。图 4.66 为铅离子-硫化钠-铅离子体系与其他体系菱锌矿表面 C1s 的 XPS 谱图。未经处理的菱锌矿［图 4.66（a）］表面呈现出三个 C1s 特征峰。其中，结合能位于 284.80 eV 和 286.30 eV 处的 C1s 特征峰源自空气

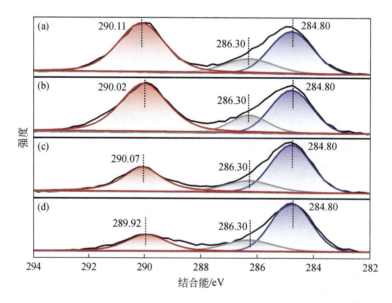

图 4.66　铅离子-硫化钠-铅离子体系与其他体系菱锌矿表面 C1s 的 XPS 谱图

（a）未处理；（b）经第一阶段铅离子活化后；（c）经第一阶段铅离子活化和硫化钠处理后；（d）经第一阶段铅离子活化、硫化钠处理和第二阶段铅离子活化后

或溶液中的有机污染碳，这些有机污染碳以 C—C、C—H、C—O 的形式存在；
而结合能位于 290.11 eV 处的 C1s 特征峰则来自菱锌矿碳酸根基团中以 C=O 形
式存在的 C 原子。对比图 4.66（a）和图 4.66（b）可知，相较于未处理的菱锌矿，
经过第一阶段铅离子活化后，菱锌矿表面 CO_3^{2-} 的 C1s 结合能由 290.11 eV 偏移至
290.02 eV，偏移量仅为-0.09 eV。再与图 4.66（b）相较，经直接硫化后［图 4.66
（c）］，菱锌矿表面 C 元素的结合能正向偏移了+0.05 eV。硫化后再次加入铅离子
活化后［图 4.66（d）］，C1s 的结合能由 290.07 eV 偏移至 289.92 eV，偏移量为
-0.15 eV。综合上述结果可以看出，铅离子和硫化钠对菱锌矿表面碳酸根化学状
态的影响较小，但硫化后菱锌矿碳酸根基团中 C 元素包围的面积明显减小，这可
归因于菱锌矿表面被硫组分覆盖的结果。

　　图 4.67 为铅离子-硫化钠-铅离子体系与其他体系菱锌矿表面 Zn2p 谱图。在
未处理的菱锌矿表面拟合出一对单一对称的 Zn2p 特征峰 Zn2p3/2 和 Zn2p1/2，二者
化学性质相同。其中 $Zn2p_{3/2}$ 的结合能为 1022.42 eV，$Zn2p_{1/2}$ 的结合能为 1045.39 eV。
与原矿相比［图 4.67（a）］，经第一阶段铅离子活化后［图 4.67（b）］，菱锌矿
表面的 $Zn2p_{3/2}$ 仅偏移了-0.03 eV，偏移程度较小。经第一阶段铅离子活化后再
硫化［图 4.67（c）］，$Zn2p_{3/2}$ 由 1022.39 eV 大幅偏移至 1022.15 eV，偏移程度达
到-0.24 eV。由图 4.67（d）可知，经第二阶段铅离子活化后，菱锌矿表面 $Zn2p_{3/2}$

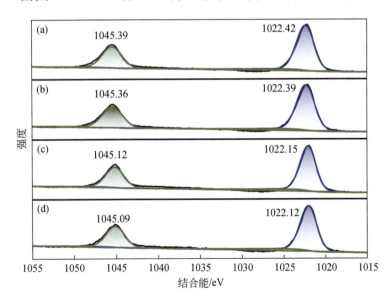

图 4.67　铅离子-硫化钠-铅离子体系与其他体系菱锌矿表面 Zn2p 谱图
（a）未处理；（b）经第一阶段铅离子活化后；（c）经第一阶段铅离子活化和硫化钠处理后；（d）经第一阶段铅离子活化、
硫化钠处理和第二阶段铅离子活化后

的偏移程度也仅为-0.03 eV，这说明硫化后，铅离子的再次加入对菱锌矿表面 Zn 元素的结合能影响较弱，菱锌矿表面的锌组分处于相对稳定状态。由上述结果可知，溶液中的铅组分吸附在菱锌矿表面后，对矿物表面 Zn 组分的化学状态影响微弱，但会对菱锌矿表面锌组分的分布格局产生一定影响。硫化过程对 Zn 元素的结合能有较明显的影响，这是由于锌原子是硫化钠在菱锌矿表面作用的活性位点，二者能够在菱锌矿表面发生反应并生成—Zn—S 键合结构。

铅离子-硫化钠-铅离子体系与直接硫化体系菱锌矿表面 S2p 谱图如图 4.68 所示。经硫化钠处理后，在菱锌矿表面的 S2p 谱图中［图 4.68（a）、（b）］，拟合出两对 S2p 特征峰（即 S2p$_{3/2}$ 和 S2p$_{1/2}$）。菱锌矿经第一阶段铅离子活化和硫化后，S2p 位于 162.27 eV 和 161.16 eV 的峰分别归属于—Zn—S 和—Pb—S 组分中的 S2p3/2。经计算后，—Zn—S 和—Pb—S 组分所占比例分别为69%、31%。由此可知，经铅离子活化后再硫化，菱锌矿表面的硫组分以—Zn—S 和—Pb—S 的复合形态存在。当菱锌矿经铅离子梯级活化后，S2p 的结合能向负方向偏移，—Zn—S 组分所占比例下降至66%，—Pb—S 组分所占比例升高至34%。该结果表明，铅离子梯级活化能够促使菱锌矿表面生成更多的高活性硫化铅组分，从而有效提高矿物表面与捕收剂的反应能力，进而改善菱锌矿的表面疏水性，为菱锌矿的高效浮选提供支撑。

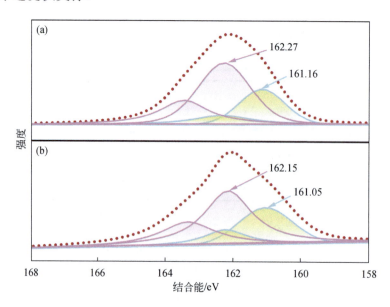

图 4.68 铅离子-硫化钠-铅离子体系与直接硫化体系菱锌矿表面 S2p 谱图
（a）经硫化钠处理后；（b）经第一阶段铅离子活化、硫化钠处理和第二阶段铅离子活化后

图 4.69 为铅离子-硫化钠-铅离子体系与其他体系菱锌矿表面 Pb4d 谱图。使用铅离子对原矿进行活化后，在菱锌矿表面检测到位于 413.24 eV 的 Pb4d 特征峰，该峰可归因于菱锌矿表面—Pb—O 中的 Pb［图 4.69（a）］。经过第一阶段铅离子活化和硫化后，菱锌矿表面的 Pb4d 的半峰宽明显拓宽，暗示矿物表面生成了新的含铅组分。由图 4.69（b）可知，菱锌矿表面 Pb4d 谱图可拟合为两种物质的峰，位于 411.81 eV 和 413.80 eV 处的 Pb4d 峰可分别归因于菱锌矿表面—Pb—S 中的 Pb 和—Pb—O 中的 Pb。这一结果进一步证实菱锌矿表面生成了硫化铅组分。经过铅离子梯级活化后，菱锌矿表面—Pb—O 组分在总铅中的比例由 62% 增加至 68%，这可能是由于矿浆中的铅离子水解后生成羟基铅组分，与矿物表面羟基组分发生脱水缩合反应，从而促使矿物表面生成更多—Pb—O 组分。综合 XPS 检测结果可知，铅离子梯级活化能够促使矿物表面生成更多含铅组分，涵盖—Pb—O 和—Pb—S，从而增加矿物表面与捕收剂作用的活性位点，为获得理想的菱锌矿浮选指标提供了保障。

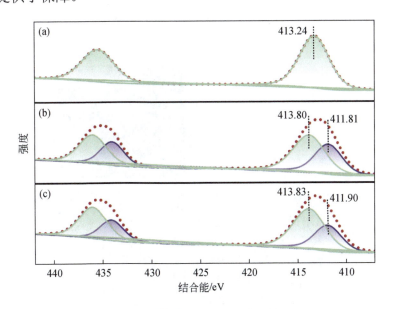

图 4.69 铅离子-硫化钠-铅离子体系与其他体系菱锌矿表面 Pb4d 谱图

（a）经第一阶段铅离子活化后；（b）经第一阶段铅离子活化和硫化钠处理后；（c）经第一阶段铅离子活化、硫化钠处理和第二阶段铅离子活化后

扫描电子显微镜-能谱（SEM-EDS）能够直观观测矿物表面的微观形貌，并对其元素组成进行分析，从而更好地了解矿物表面的硫化特性。本研究采用 SEM-EDS 技术，系统考察了铅离子梯级活化前后菱锌矿表面形貌和物质组成的

变化规律。在试验进程中，固定第一阶段活化的铅离子浓度为 9×10^{-4} mol/L、硫化钠浓度为 3×10^{-4} mol/L，第二阶段活化的铅离子浓度为 6×10^{-4} mol/L。铅离子-硫化钠-铅离子体系与其他体系菱锌矿表面的 SEM-EDS 图像结果如图 4.70 所示。

未处理的菱锌矿 [图 4.70（a）] 展现出相对光滑的表面，通过解析图谱与能谱数据，能够辨识出菱锌矿所含的 C、O、Zn 三种本征元素。当经铅离子预活化后再进行硫化处理时 [图 4.70（b）]，矿物表面呈现出少量且呈均匀分布的片状颗粒，同时，元素 S 和 Pb 的信号强度有所增加，硫元素和铅元素的含量分别为 0.37%、7.39%。而经过铅离子梯级活化后 [图 4.70（c）]，菱锌矿表面出现了大量的片状颗粒。相较于第一阶段铅离子活化的情况，此时矿物表面的片状颗粒不仅分布更

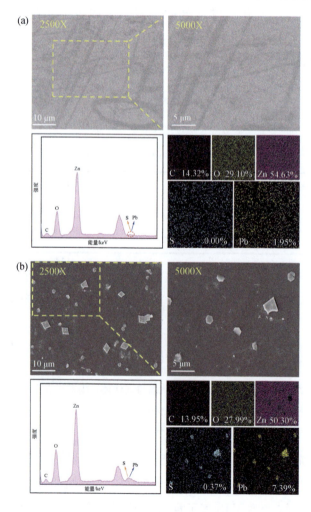

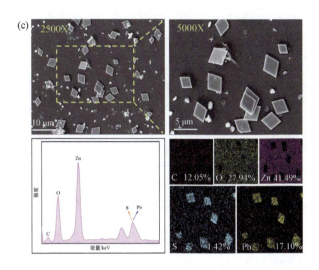

图 4.70　铅离子-硫化钠-铅离子体系与其他体系菱锌矿表面的 SEM-EDS 图像

（a）未处理；（b）经第一阶段铅离子活化和硫化钠处理后；（c）经第一阶段铅离子活化、硫化
钠处理和第二阶段铅离子活化后

为密集，形状也更为规整，且硫元素和铅元素的含量也分别增加到 1.42%、17.10%。结合元素分布图可知，元素 S、Pb 以及 Zn 的分布区域与菱锌矿表面新生成的片状颗粒分布区域呈现明显重叠现象，尤其以元素 S 和元素 Pb 的重叠迹象更为明显。这表明矿物表面的片状颗粒产物为硫化铅和硫化锌，且片状颗粒构成中硫化铅所占比例更高。因此，铅离子活化能够增强菱锌矿表面的硫化过程，促使矿物表面生成高活性的硫化铅组分。相较于铅离子-硫化钠体系，在铅离子-硫化钠-铅离子浮选体系下，菱锌矿表面能够生成更为密集且形状更规则的硫化铅片状颗粒，进而有效增强矿物表面与捕收剂的反应能力，促进矿物的疏水上浮。

　　原子力显微镜（AFM）作为研究物质表面结构及性质的前沿工具，在矿物加工领域可以用于获取浮选药剂作用前后矿物的表面形貌结构信息以及表面粗糙度数据。本研究借助 AFM 技术，进一步考察铅离子梯级活化前后菱锌矿表面形貌的变化规律。在试验进程中，固定第一阶段活化的铅离子浓度为 9×10^{-4} mol/L、硫化钠浓度为 3×10^{-4} mol/L，第二阶段活化的铅离子浓度为 6×10^{-4} mol/L。如图 4.71 所示，与原矿［图 4.71（a）］相比，在不同硫化体系作用下［图 4.71（b）和（c）］，菱锌矿表面的微观形貌和粗糙度均发生明显改变，矿物表面呈现出柱状突起结构，该结构可归因为新生成的硫化产物。

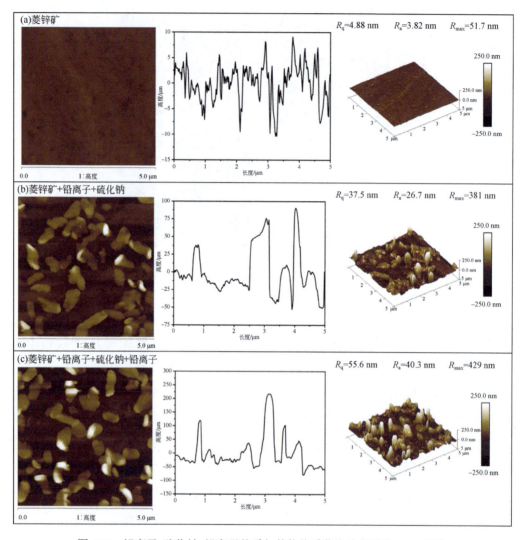

图 4.71　铅离子-硫化钠-铅离子体系与其他体系菱锌矿表面的 AFM 图像

（a）未处理；（b）经第一阶段铅离子活化和硫化钠处理后；（c）经第一阶段铅离子活化、硫化
钠处理和第二阶段铅离子活化后

由图 4.71 中数据可知，在铅离子-硫化钠体系中，菱锌矿表面的粗糙度由初始的 4.88 nm 增加到 37.5 nm，这是由于矿物表面生成了 PbS 和 ZnS 组分。而在铅离子-硫化钠-铅离子体系中，菱锌矿表面的粗糙度进一步升高到 55.6 nm，结合 XPS 和 SEM-EDS 结果可知，铅离子梯级活化后，菱锌矿表面会生成更多的硫化产物，从而进一步重塑了矿物表面的形貌结构，致使粗糙度明显提升，为从微观层面理解铅离子梯级活化的作用机制提供了视角。

　　本研究采用 ToF-SIMS 技术，对铅离子梯级活化前后菱锌矿表面的药剂吸附特性进行了表征。在试验进程中，固定第一阶段活化的铅离子浓度为 $9×10^{-4}$ mol/L、硫化钠浓度为 $3×10^{-4}$ mol/L、第二阶段活化的铅离子浓度为 $6×10^{-4}$ mol/L。图 4.72和图 4.73 为铅离子-硫化钠-铅离子体系与其他体系菱锌矿表面硫组分、铅组分和锌组分的 ToF-SIMS 图像。由图 4.72 可知，未处理的 [图 4.72（a）] 以及仅用铅离子活化 [图 4.72（b）] 后的菱锌矿表面几乎没有 S^- 离子、S_2^- 离子的分布。然而，经铅离子活化再硫化处理后 [图 4.72（c）]，菱锌矿表面出现了明显的 S^- 离子、S_2^- 离子信号，表明溶液中的硫组分吸附在了菱锌矿表面。经过第二阶段铅离子活化后 [图 4.72（d）]，可以观察到矿物表面 S^- 离子、S_2^- 离子信号强度进一步增强，说明铅离子梯级活化能够促使更多的硫组分吸附在菱锌矿表面。

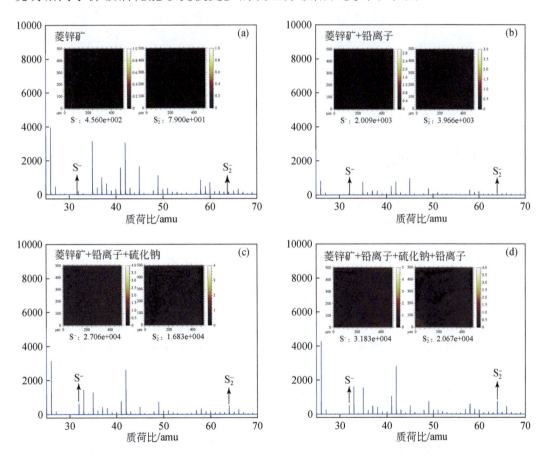

图 4.72　铅离子-硫化钠-铅离子体系与其他体系菱锌矿表面硫组分 ToF-SIMS 图像

（a）未处理；（b）经第一阶段铅离子活化后；（c）经第一阶段铅离子活化和硫化钠处理后；（d）经第一阶段铅离子活化、硫化钠处理和第二阶段铅离子活化后

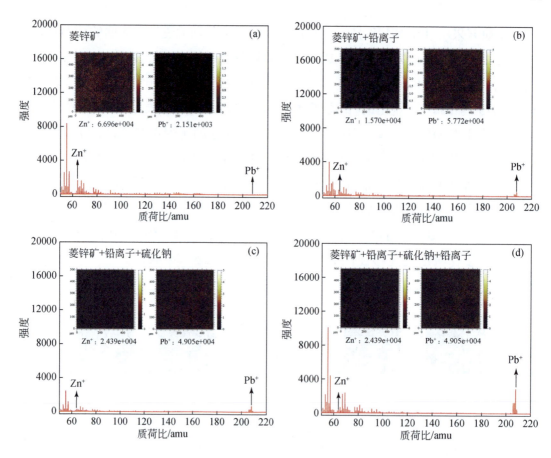

图 4.73　铅离子-硫化钠-铅离子体系与其他体系菱锌矿表面铅、锌组分 ToF-SIMS 图像

（a）未处理；（b）经第一阶段铅离子活化后；（c）经第一阶段铅离子活化和硫化钠处理后；（d）经第一阶段铅离子活化、
硫化钠处理和第二阶段铅离子活化后

由图 4.73 可知，在未处理的菱锌矿表面 [图 4.73（a）] 没有捕捉到明显的 Pb^+ 离子的信号。而在铅离子活化后菱锌矿表面 [图 4.73（b）] 出现了 Pb^+ 离子的信号峰，表明铅离子可以吸附在菱锌矿表面，并为硫化剂作用提供活性位点。经过铅离子梯级活化后 [图 4.73（d）]，Pb^+ 离子的信号强度达到峰值，表明该体系中矿物表面对铅离子的吸附量最大，即铅离子梯级活化更有利于矿物表面生成丰富的含铅组分。与未处理的菱锌矿相比，经硫化处理以及铅离子活化后的菱锌矿表面 [图 4.73（c）和图 4.73（d）]，Zn^+ 离子信号强度呈现出逐渐减弱的趋势，这可能是由于吸附在菱锌矿表面的铅组分对矿物本体的锌组分起到了屏蔽阻隔作用，致使矿物表面锌组分有所降低，这一现象与 XPS 和 SEM-EDS 结果一致。因此，ToF-SIMS 结果进一步证明了在铅离子-硫化钠-铅离子体系中，菱锌矿表面能够生成丰富的铅组分和硫组分这一结论，即菱锌矿表面存在更多的高活性

PbS 组分,从而为后续黄药的吸附提供了充裕的反应活性位点,极大提升了菱锌矿表面的捕收剂吸附能力。

4.4　铜铅双金属离子活化体系

4.4.1　铜铅双金属离子对氧化锌矿物表面特性的影响

在分别探讨了铵盐、铜离子、铅离子单一活化体系的作用后,考虑到多种离子协同作用可能对氧化锌矿物表面硫化过程产生更积极的促进,因此对铜铅双金属离子活化体系的菱锌矿表面特性变化规律进行了研究。铜铅双金属离子活化体系与其他体系菱锌矿表面元素谱图如图 4.74 所示。在菱锌矿原矿的 XPS 谱图中,出现明显的 Cu2p 和 Pb4d 特征峰,然而,经单一的铜离子或铅离子活化后,能谱中位于 934.33 eV 和 413.91 eV 处分别出现了与 Cu 和 Pb 相关的特征峰,这可归因于铜离子和铅离子吸附于菱锌矿表面,进而提供了 Cu—O 和 Pb—O 活性位点。由图 4.75 所示的元素含量结果可知,原矿中并不存在 Cu 和 Pb 元素,而在经铜离子、铅离子以及铜铅双金属离子活化后,菱锌矿表面金属元素总量分别达到了0.92%、2.70%和3.44%。相比于单一金属离子活化体系,铜铅双金属离子活化后菱锌矿表面能够吸附更多的金属离子,使得矿物表面活性位点的数量和种类均得

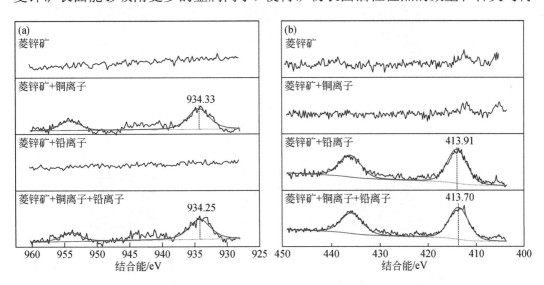

图 4.74　铜铅双金属离子活化体系与其他体系菱锌矿表面元素谱图

(a) Cu2p 谱图;(b) Pd4d 谱图

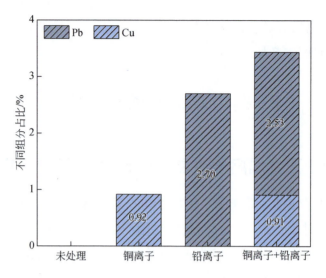

图 4.75　铜铅双金属离子活化体系与其他体系菱锌矿表面金属元素含量

到增加,为后续浮选试剂的作用提供了有利条件。

图 4.76 显示了铜铅双金属离子活化体系与其他体系菱锌矿表面 Cu^+、Zn^+ 和 Pb^+ 三种离子的含量情况。试验结果表明,原矿中 Zn^+ 离子信号峰强度较大,而 Cu^+ 和 Pb^+ 离子的信号峰几乎不存在,且 TC 值处于较低水平,说明原矿中不含 Cu 和 Pb 组分。经单一铜离子活化后,Cu^+ 离子信号峰强度明显增大,同时,Zn^+

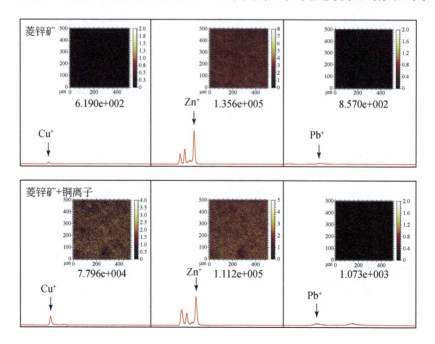

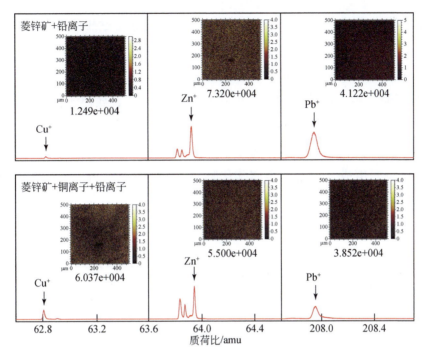

图 4.76　铜铅双金属离子活化体系与其他体系菱锌矿表面 Cu⁺、Zn⁺和 Pb⁺离子 ToF-SIMS 图像

离子信号峰却有所减弱，这可能是由于部分 Cu 组分覆盖在矿物表面，导致 Zn 组分含量下降。经单一铅离子活化后，矿物表面能够清晰检测到 Pb^+离子的信号峰，说明铅离子同样能够吸附于矿物表面。而在经过铜铅双金属离子活化后，Zn^+离子含量进一步下降。与单一金属离子活化相比，在铜铅双金属离子活化体系中，菱锌矿表面能够同时检测到 Cu^+和 Pb^+离子的信号，且二者的总含量更高，说明在该体系下矿物表面生成了更多的活性位点。

4.4.2　铜铅双金属离子-硫化钠体系氧化锌矿物表面硫化机理

菱锌矿在铜铅双金属离子-硫化钠体系与其他硫化体系中的表面元素 XPS 谱图如图 4.77 所示。其中，图 4.77（a）和（b）为不同硫化条件下菱锌矿表面 Cu2p 和 Pb4d 的 XPS 谱图。在铜离子-硫化钠和铅离子-硫化钠体系中，图中对应 Cu2p 和 Pb4d 的特征峰分别偏移至 932.80 eV（偏移量−1.53 eV）和 413.48 eV（偏移量 −0.43 eV），这是由于硫化钠的加入促使菱锌矿表面的 Cu—O 和 Pb—O 位点转化为 Cu—S 和 Pb—S 等高活性硫化产物所致。经铜铅双金属离子活化，并使用硫化钠硫化后，Cu2p 和 Pb4d 的特征峰分别偏移至 932.63 eV 和 413.37 eV 处，同样证明了矿物表面硫化产物的生成。图 4.78 中元素含量结果表明，经过硫化处理后，菱锌矿表面金属元素总量发生明显变化，在铜离子-硫化钠、铅离子-硫化钠和铜铅双金属离子-硫化钠体系中，金属元素总量分别增加至 1.01%、4.76%和5.01%，这可能是由于部分硫化钠优先与矿浆中游离的金属离子生成金属硫化物，并吸附在菱锌矿表面，进而导致矿物表面金属含量有所上升。相比于单一金属离子-硫化体系，铜铅双金属离子-硫化钠体系中菱锌矿表面存在更多的金属离子，暗示了矿物表面生成了大量的金属硫化物。这一现象也与硫化前铜铅双金属离子

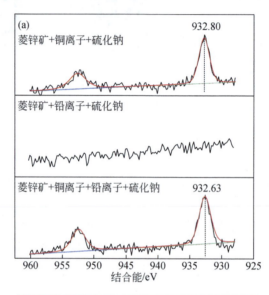

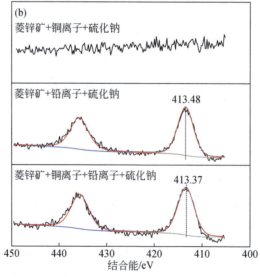

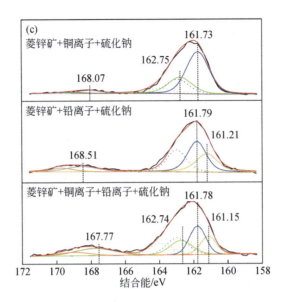

图 4.77　铜铅双金属离子–硫化钠体系与其他硫化体系菱锌矿表面元素 XPS 谱图

(a) Cu2p 谱图；(b) Pd4d 谱图；(c) S2p 谱图

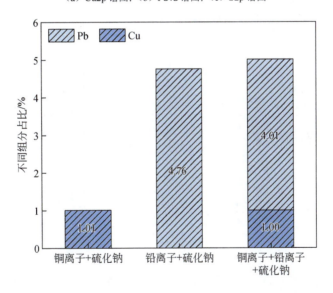

图 4.78　铜铅双金属离子–硫化钠体系与其他硫化体系菱锌矿表面元素含量

活化体系中菱锌矿表面 XPS 结果相符，即铜铅双金属离子活化体系中矿物表面存在更多的金属位点，从而促进后续硫离子与矿物表面的作用，并生成更多的金属硫化物。

　　图 4.77 (c) 和图 4.79 分别显示了铜铅双金属离子–硫化钠体系与其他硫化体系菱锌矿表面 S2p 的 XPS 谱图和金属硫化物含量结果。在铜离子–硫化钠体系中，

检测到了三对 S2p 的特征峰，位于 161.73 eV 处的特征峰可归因于硫化钠与矿物表面作用产生的 Zn—S 产物；162.75 eV 处的特征峰则代表矿物表面 Cu 位点与硫化钠作用后生成的 Cu—S 产物；168.07 eV 处的一对特征峰可归因于矿浆搅拌过程中矿物表面硫化产物发生氧化反应所生成的 SO_n^{2-}，该体系中的高活性金属硫化产物（Cu—S）含量仅为 2.82%。在铅离子-硫化钠体系中，161.79 eV 和 168.51 eV 处同样检测到了代表 Zn—S 和 SO_n^{2-} 产物的特征峰，而位于 161.21 eV 处的一对特征峰则是代表了矿物表面的 Pb—S 产物，该体系中硫化产物（Pb—S）含量增加至 3.90%。在铜铅双金属离子-硫化钠体系中，对应于 Cu—S 和 Pb—S 产物的特征峰分别位于 162.74 eV 和 161.15 eV 处，硫化产物含量增加至 4.22%（2.00%的 Cu—S 和 2.22%的 Pb—S）。这一结果说明，铜铅双金属离子活化体系中矿物表面生成了更多的金属硫化物，使得矿物表面活性得到明显增强，从而促进了后续捕收剂的吸附。

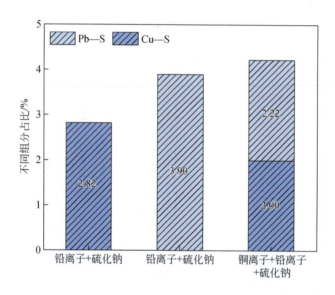

图 4.79　铜铅双金属离子-硫化钠体系与其他硫化体系菱锌矿表面硫化产物含量

图 4.80 显示了不同硫化体系中菱锌矿表面 S⁻离子、CuS⁻离子和 PbS⁻离子的含量。原矿中这三种碎片离子的信号均较为微弱，且 TC 值较低，表明原矿中不含硫化产物。在铜离子-硫化钠体系中，矿物表面出现了明显代表 S⁻离子和 CuS⁻离子的信号峰，这可归因于矿物表面新生成的 Zn—S 和 Cu—S 产物。在铅离子-硫化钠体系中，PbS⁻离子信号明显增强，这意味着矿物表面生成了高活性的 Pb—S 产物。在铜铅双金属离子-硫化钠体系中，矿表面能够检测到明显的 CuS⁻离子和

PbS⁻离子的信号，且两者总含量明显增加，这表明在该体系中铜离子和铅离子均能够吸附于矿物表面，并产生更多的金属硫化物，从而改善矿物表面的反应活性，促进捕收剂在矿物表面的吸附，提高矿物的可浮性。

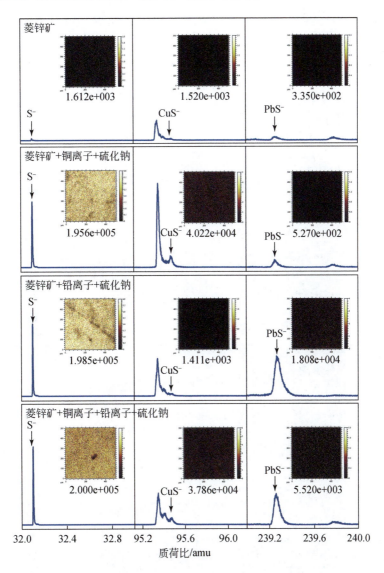

图 4.80 铜铅双金属离子-硫化钠体系与其他体系菱锌矿表面 S⁻、CuS⁻和 PbS⁻离子 ToF-SIMS 图像

图 4.81 为铜铅双金属离子-硫化钠体系与其他体系菱锌矿表面 AFM 检测结果，检测范围为 20 μm×20 μm。未处理菱锌矿表面的均方根粗糙度(R_q)为 4.65 nm，由对应的 2D 和 3D 图可以观察到原矿表面较为光滑，且无其他杂质。在铜离子-硫化钠和铅离子-硫化钠体系中，菱锌矿表面粗糙度明显增加，矿物表面 R_q 值分

别增加至 68.00 nm 和 76.60 nm。从菱锌矿形貌图中能够清晰观察到明显的突起颗粒，这可归因于矿物表面新生成的 Cu—S 或 Pb—S 产物。在铜铅双金属离子-硫化钠体系中，菱锌矿表面 R_q 值继续增加至 91.60 nm，相比于单一金属离子活化硫化体系，矿物表面的粗糙度进一步提高。通过形貌分析结果能够观察到菱锌矿表面生成了更多的块状突起结构，这是由于铜铅双金属离子共吸附于矿物表面，提供了更多的活性位点，从而导致矿物表面生成了更多的金属硫化产物。

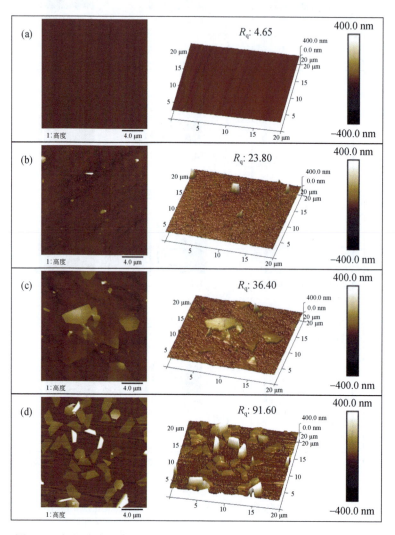

图 4.81 铜铅双金属离子-硫化钠体系与其他体系菱锌矿表面 AFM 图像

（a）未处理；（b）经铜离子和硫化钠处理后；（c）经铅离子和硫化钠处理后；（d）经铜离子、铅离子和硫化钠处理后

图 4.82 为铜铅双金属离子-硫化钠体系与其他体系菱锌矿表面 SEM-EDS 图像结果。如图 4.82（a）所示，未处理的菱锌矿表面较为光滑，能够明显检测到 C、

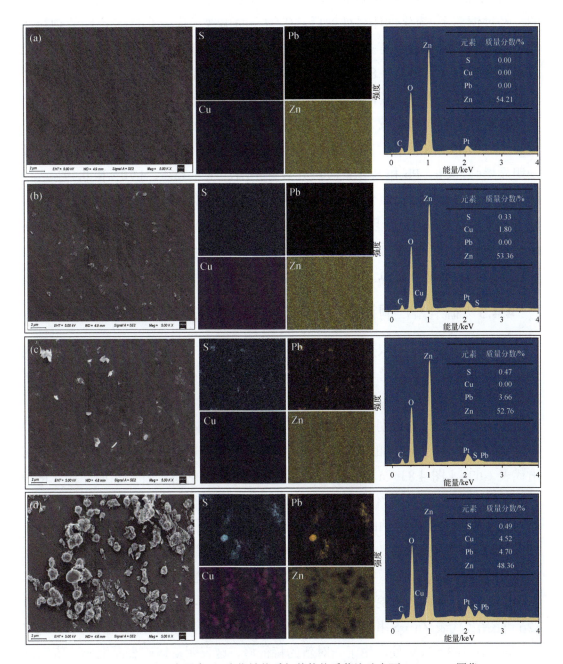

图 4.82　铜铅双金属离子-硫化钠体系与其他体系菱锌矿表面 SEM-EDS 图像

（a）未处理菱锌矿；（b）经铜离子和硫化钠处理后；（c）经铅离子和硫化钠处理后；（d）经铜离子、铅离子和硫化钠处理后

O 和 Zn 的信号,其中代表 Pt 的信号峰是由于检测前对样品进行喷铂处理所导致的。经过铜离子-硫化钠体系处理后,矿物表面出现了代表 Cu—S 产物的颗粒,能谱中能够明显检测到有关 Cu 和 S 的信号峰。元素分布结果显示,Cu 和 S 的元素质量分数分别增加至 1.80% 和 0.33%。经过铅离子-硫化钠体系处理后,能谱中检测到 Pb 和 S 两种元素,且两者质量含数分别增加至 3.66% 和 0.47%,形貌结果显示菱锌矿表面出现较为明显的颗粒,这可归因于硫化钠与矿物表面铅组分作用后生成的 Pb—S 产物。在铜铅双金属离子-硫化钠体系中,三种元素的信号峰均明显增强,Cu、Pb 和 S 元素质量分数分别增加至 4.52%、4.70% 和 0.49%。相比于单一金属离子活化硫化体系,铜铅双金属离子活化硫化体系中菱锌矿表面出现了更多块状颗粒,这一现象进一步说明铜铅双金属离子对矿物表面起到了协同活化作用,促使矿物表面生成了种类和数量更丰富的硫化产物,为后续捕收剂吸附提供了充分的活性位点。

4.4.3 硫化钠-铜铅双金属离子体系氧化锌矿物表面硫化机理

上一节探讨了铜铅双金属离子-硫化钠体系对菱锌矿表面硫化的影响,发现该硫化体系能改变菱锌矿表面元素组成和硫化产物。在此基础上,本节将研究在硫化钠先作用后,再引入铜铅双金属离子时对菱锌矿表面硫化过程的影响机制。图 4.83(a)～(c)分别为硫化钠-铜铅双金属离子体系与其他硫化体系菱锌矿表面 Cu2p、Pb4d 和 S2p 的 XPS 谱图。经硫化钠处理后的菱锌矿表面,并未呈现出代表 Cu2p [图 4.83(a)] 或 Pb4d [图 4.83(b)] 的特征峰,然而,在 158～172 eV 区间内出现了两对代表 S2p [图 4.83(c)] 的特征峰。其中,位于 161.90 eV 处的特征峰归因于硫化钠的硫化作用促使矿物表面的 Zn—O 转化为 Zn—S;而位于 168.72 eV 处的特征峰,则可能是矿浆搅拌过程中矿物表面硫组分与氧气相互作用所生成的 SO_n^{2-} 产物。在硫化钠-铜离子体系下,位于 932.80 eV 处的 Cu2p 可归因于铜离子与硫化的菱锌矿表面作用后所产生的铜组分。此外,在该体系的 S2p 谱图中,代表 Zn—S 和 SO_n^{2-} 产物的特征峰分别偏移至 161.86 eV 和 167.90 eV 处,同时在 163.57 eV 处产生了一对新的特征峰,这表明菱锌矿表面生成了硫化铜组分。在硫化钠-铅离子体系中,Pb4d 光谱 [图 4.83(b)] 中在位于 413.46 eV 处出现了代表铅组分的特征峰,说明铅离子能够与硫化的菱锌矿表面作用,进而在矿物表面生成含铅组分。在该体系的 S2p 光谱中,160.84 eV、161.79 eV 和 167.52 eV 处的三对特征峰分别代表 Pb—S、Zn—S 和 SO_n^{2-} 三种组分。在硫化钠-铜铅双

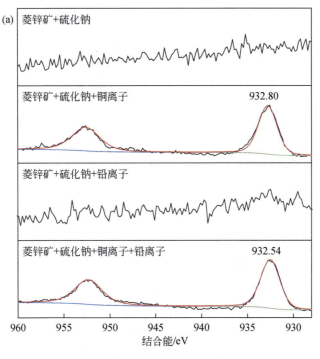

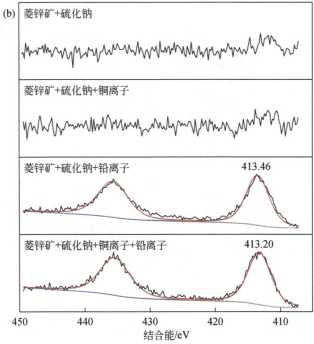

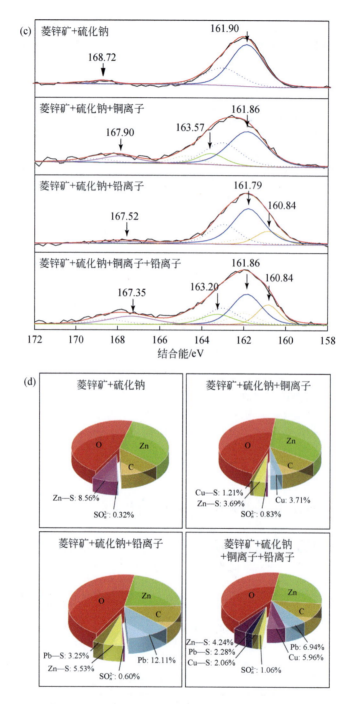

图 4.83　硫化钠-铜铅双金属离子体系与其他硫化体系菱锌矿表面 XPS 谱图与元素含量

(a) Cu2p；(b) Pb4d；(c) S2p；(d) 元素含量

金属离子体系中，菱锌矿表面能够同时检测到代表 Cu2p（932.54 eV）和 Pb4d（413.20 eV）的特征峰，且 S2p 谱图中位于 163.20 eV 和 160.84 eV 处检测到了代表 Cu—S 和 Pb—S 组分的特征峰。这说明在该体系中铜离子和铅离子能够同时与硫化的菱锌矿表面相互作用，并生成相应的金属硫化产物，进而增强矿物表面反应活性。图 4.83（d）显示了硫化钠-铜铅双金属离子体系与其他硫化体系菱锌矿表面不同元素的相对含量。在直接硫化体系中，菱锌矿表面的 S 组分仅包含 Zn—S 和 SO_n^{2-} 组分，不存在 Cu 和 Pb 组分。在硫化钠-铜离子体系中，菱锌矿表面的 Cu 组分含量增加至 3.71%，Cu—S 产物含量为 1.21%。在硫化钠-铅离子体系中，矿物表面检测到 3.25% 的 Pb—S 组分和 12.11% 的 Pb 组分，金属硫化物含量明显增加，且矿物表面的 Pb 含量显著提升。在硫化钠-铜铅双金属离子体系中，菱锌矿表面可以同时检测到 Cu 组分和 Pb 组分，硫化产物含量为 4.34%（2.28% Pb—S 和 2.06% Cu—S），且矿物表面金属含量也增加至 12.90%（6.94% Pb 和 5.96% Cu）。相比于单一金属离子活化体系，硫化钠-铜铅双金属离子体系中菱锌矿表面生成了含量更高、种类更丰富的硫化产物，更有利于捕收剂的作用。

菱锌矿在硫化钠-铜铅双金属离子体系与其他硫化体系中表面组分 ToF-SIMS 深度剖析 3D 图和深剖曲线如图 4.84 所示。由图 4.84（a）可知，菱锌矿表面经硫化钠处理后，未出现有关 Pb^+ 离子和 Cu^+ 离子的信号峰，但出现了有关 S^- 离子的信号峰，这表明该体系中菱锌矿的硫化产物为单一硫化锌组分。深剖曲线结果显示，Zn^+ 离子和 CO_3^- 离子是菱锌矿的特征离子，随着刻蚀时间的渐次递增，两种特征离子的信号趋于稳定。在 0～2 s 内，S^- 离子信号强于 CO_3^- 离子，而后随着刻蚀时间的延长逐渐衰减并趋近于 0，说明直接硫化体系中菱锌矿表面硫化层相对较薄，表面活性位点稀少。硫化后的菱锌矿表面经单一的铜离子 [图 4.84（b）] 或铅离子 [图 4.84（c）] 分别活化后，矿物表面的 Cu^+ 离子和 Pb^+ 离子信号强度分别超过 Zn^+ 离子信号，说明铜离子和铅离子均能吸附于硫化的菱锌矿表面。在这两个体系中，S^- 离子信号峰也明显增强，S^- 离子信号强度分别在 4 s 和 6 s 前均强于 CO_3^- 离子，说明经过金属离子活化后，菱锌矿表面硫化产物含量也得到了增加，矿物表面活性得到提高。在铜铅双金属离子活化体系中，菱锌矿表面均可检测到有关 Pb^+ 离子、Cu^+ 离子和 S^- 离子的信号峰，且信号峰强度均有不同程度的增加。正离子刻蚀曲线结果表明，Pb^+ 离子和 Cu^+ 离子的信号强度分别在 8 s 和 4 s 前强于 Zn^+ 离子。这说明在该体系中 Cu 和 Pb 活性位点能够同时存在于菱锌矿表面，并且其含量相较于单一金属离子活化体系更高。在负离子刻蚀曲线中，S$^-$离子信号强度明显增强，且在 0～20 s 范围内均高于 CO$_3^-$离子。这一现象证实了硫化钠-铜铅双金属离子体系中，菱锌矿表面活性和硫化产物含量得到进一步提高，为后续捕收剂在菱锌矿表面的吸附创造了更为有利的条件。

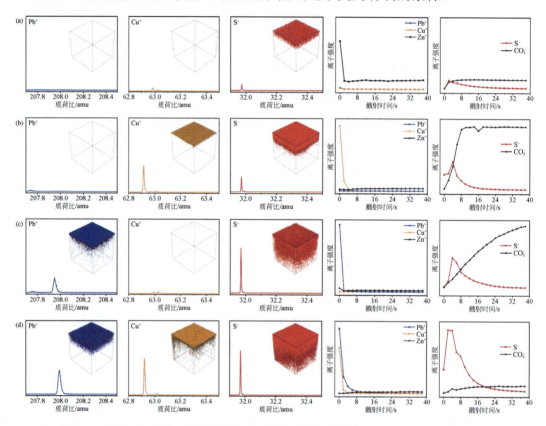

图 4.84　硫化钠-铜铅双金属离子体系与其他硫化体系菱锌矿表面组分 ToF-SIMS 深度剖析 3D 图和深剖曲线

（a）经硫化钠处理后；（b）经硫化钠和铜离子处理后；（c）经硫化钠和铅离子处理后；（d）经硫化钠、铜离子和铅离子处理后

图 4.85 显示了硫化钠-铜铅双金属离子体系与其他硫化体系菱锌矿表面 AFM 图像结果。对于直接硫化处理的菱锌矿表面，检测结果显示矿物表面未生成其他明显物质，表面较为光滑，矿物表面高度小于 50 nm，均方根粗糙度（R_q）为 10.7 nm。经硫化钠-铜离子体系处理的菱锌矿表面生成了明显的块状颗粒［图 4.85（b）］，矿物截面显示颗粒高度在 100～400 nm 范围内，矿物表面 R_q 值升高至 29.2 nm。这可能是铜离子与硫化的菱锌矿表面作用后产生的 Cu—S 组分，然而，矿物表面颗粒较少，说明铜离子与矿物表面之间的作用效果较差。图 4.85（c）

为硫化钠-铅离子体系处理的菱锌矿表面，从中能够清晰地观察到矿物表面同样产生了块状颗粒，此现象可归因于新生成的 Pb—S 组分，这说明铅离子同样能够与硫化的菱锌矿表面发生作用。在该体系中，菱锌矿表面的粗糙度增加至 38.9 nm。在硫化钠-铜铅双金属离子体系中，菱锌矿表面新生成产物明显增多。这是由于铜离子和铅离子共同作用于硫化的菱锌矿表面，并生成了更多的硫化产物。故而，菱锌矿表面粗糙度 R_q 值进一步增加至 80.6 nm。硫化产物的增加促使矿物表面更加稳定，且增强了矿物的表面反应活性，能够改善菱锌矿的浮选环境。

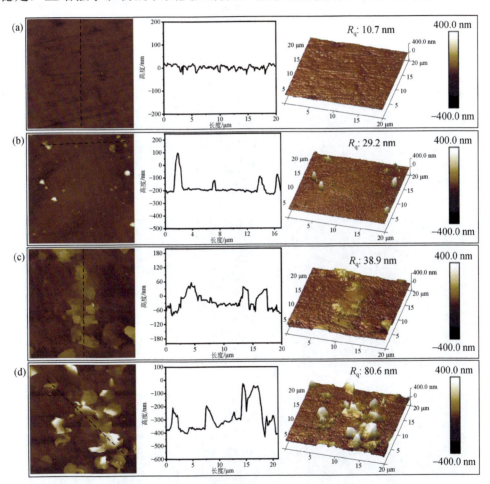

图 4.85　硫化钠-铜铅双金属离子体系与其他硫化体系菱锌矿表面 AFM 图像

（a）经硫化钠处理后；（b）经硫化钠和铜离子处理后；（c）经硫化钠和铅离子处理后；（d）经硫化钠、铜离子和铅离子处理后

图 4.86 为硫化钠-铜铅双金属离子体系与其他硫化体系菱锌矿表面 SEM-EDS 图像结果。经硫化钠处理后，菱锌矿表面较为光滑，未产生明显形貌变化。在硫

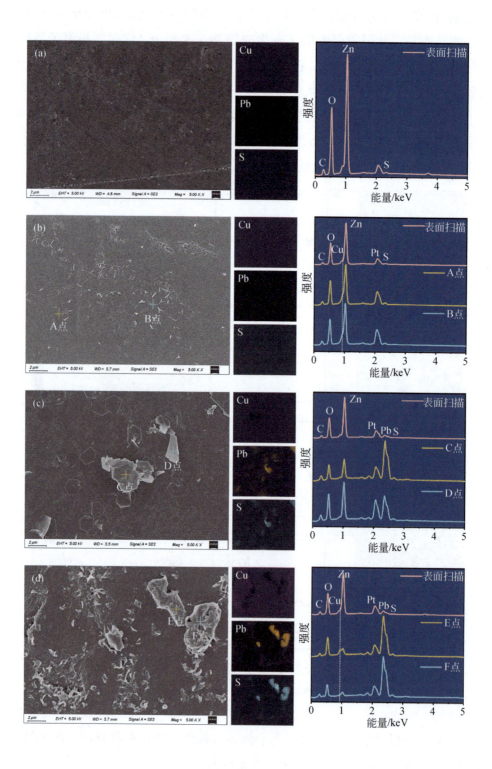

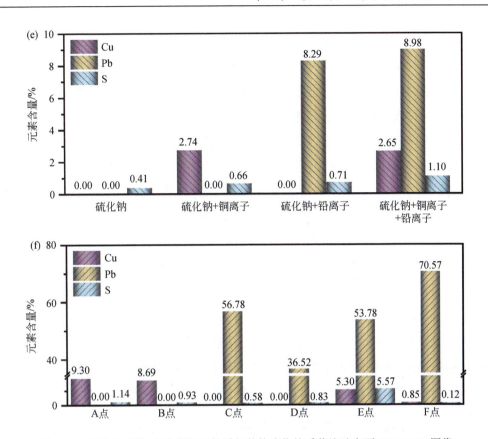

图 4.86　硫化钠-铜铅双金属离子体系与其他硫化体系菱锌矿表面 SEM-EDS 图像

（a）经硫化钠处理后；（b）经硫化钠和铜离子处理后；（c）经硫化钠和铅离子处理后；（d）经硫化钠、
铜离子和铅离子处理后；（e）面扫描元素含量结果；（f）点扫描元素含量结果

化钠-铜离子体系中，菱锌矿形貌发生明显变化，矿物表面生成明显的颗粒状产物，且矿物表面 Cu 和 S 组分含量分别增加至 2.74%和 0.66%。通过对颗粒产物上点 A 和点 B 进行元素含量测定后发现，颗粒产物的 Cu 含量分别增加至 9.30%和 8.69%，S 含量分别增加至 1.14%和 0.93%，这表明该颗粒为 Cu—S 组分。菱锌矿经硫化钠-铅离子体系处理后，矿物表面出现了明显的片状产物，且检测到 Pb 元素。通过对两个不同区域的片状产物进行扫描后发现其元素含量均有所变化，其中，点 C 的 Pb 和 S 元素含量分别为 56.78%和 0.58%，点 D 的 Pb 和 S 元素含量分别为 36.52%和 0.83%，两处位置的 Pb 含量均显著提高，这可能是铅离子吸附于矿物表面后产生的 Pb—S 和 Pb—O 的混合产物。可以观察到，在硫化钠-铜铅双金属离子体系中，矿物表面产生了更多的颗粒状和片状硫化产物，表面扫描结果显示，菱锌矿表面 Cu、Pb、S 含量均有明显增加。通过对点 E 和点 F 进行元素分析后发现，点 E 中 Cu、Pb、S 元素含量分别提高至 5.30%、53.78%、

5.57%，说明该产物主要为 Cu—S 和 Pb—S 产物的混合物。点 F 中 Pb 元素含量为 70.57%，说明该产物主要为 Pb—S 产物。综合以上结果可知，硫化钠-铜铅双金属离子体系中，菱锌矿表面能够生成更多的硫化产物，硫化效果更加明显，更有利于捕收剂在矿物表面的吸附。

图 4.87（a）、（b）和（c）分别为分子动力学优化前后的不同模型和菱锌矿（101）表面垂直方向的 H_2O 和 HS^- 相对浓度变化结果。在直接硫化体系中，分子动力学优化后的模型中 HS^- 呈现出向菱锌矿表面靠近的趋势。模型中位于 20 Å 附近处出现了 H_2O 分子相对浓度为 2.33 的水化层。图 4.87（c）结果表明，直接硫化体系中菱锌矿附近 HS^- 浓度较低，说明直接硫化处理的菱锌矿表面具有较强的亲水性，矿物表面不易被硫化，硫化程度低。在硫化钠-铜离子和硫化钠-铅离子体系中，HS^- 出现明显的向下移动的趋势，其中，位于 20 Å 附近处 HS^- 的相对浓度分别增加至 31.66 和 47.50，且模型中水化层的相对浓度分别降低至 2.08 和 2.10。这说明经过金属离子活化后，菱锌矿表面的硫化程度有所提高，矿物表面疏水性增强。在硫化钠-铜铅双金属离子体系中，菱锌矿表面的水化层中 H_2O 的相对浓度进一步降低至 1.77，且矿物表面 20 Å 处 HS^- 相对浓度增加至 55.41。这一结果说明，

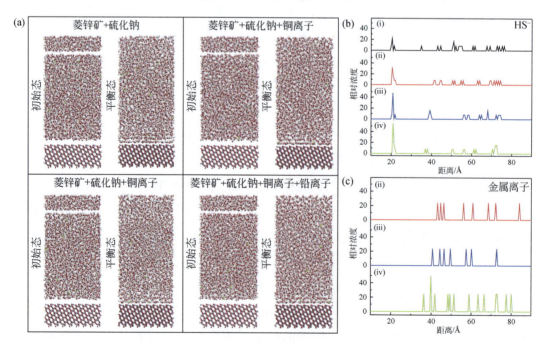

图 4.87 硫化钠-铜铅双金属离子体系与其他硫化体系菱锌矿表面分子动力学模拟结果

（a）相互作用模型；（b）菱锌矿表面 H_2O 浓度分布；（c）菱锌矿表面 HS^- 浓度分布

相比于单一金属离子活化，铜铅双金属离子活化作用有效提高了菱锌矿表面的硫化程度，矿物表面硫化产物更加充分，且反应活性更高。

4.5　铜铵协同活化体系

4.5.1　铜铵活性组分在溶液中的分布规律

在铜铵溶液体系中，主要包含四种铜氨络合物，即 $Cu(NH_3)^{2+}$、$Cu(NH_3)_2^{2+}$、$Cu(NH_3)_3^{2+}$ 和 $Cu(NH_3)_4^{2+}$，所涉及的反应式和热力学参数如下 [9-10]：

$$Cu^{2+} + NH_3 \longleftrightarrow Cu(NH_3)^{2+}, \quad K_1 = \frac{[Cu(NH_3)^{2+}]}{[Cu^{2+}][NH_3]} = 10^{4.30} \tag{4.46}$$

$$Cu^{2+} + 2NH_3 \longleftrightarrow Cu(NH_3)_2^{2+}, \quad K_2 = \frac{[Cu(NH_3)_2^{2+}]}{[Cu^{2+}][NH_3]^2} = 10^{7.91} \tag{4.47}$$

$$Cu^{2+} + 3NH_3 \longleftrightarrow Cu(NH_3)_3^{2+}, \quad K_3 = \frac{[Cu(NH_3)_3^{2+}]}{[Cu^{2+}][NH_3]^3} = 10^{10.80} \tag{4.48}$$

$$Cu^{2+} + 4NH_3 \longleftrightarrow Cu(NH_3)_4^{2+}, \quad K_4 = \frac{[Cu(NH_3)_4^{2+}]}{[Cu^{2+}][NH_3]^4} = 10^{13.20} \tag{4.49}$$

其中，K_1、K_2、K_3、K_4 分别代表常温条件下反应式（4.46）～反应式（4.49）的热力学平衡常数。根据铜铵溶液中的铜平衡原理，总铜浓度可表示为

$$[Cu_T]=[Cu^{2+}]+[Cu(NH_3)^{2+}]+[Cu(NH_3)^{2+}]+[Cu(NH_3)^{2+}]+[Cu(NH_3)^{2+}] \tag{4.50}$$

其中，β_0、β_1、β_2、β_3 和 β_4 分别表示为

$$\beta_0 = \frac{[Cu^{2+}]}{[Cu_T]} \tag{4.51}$$

$$\beta_1 = \frac{[Cu(NH_3)^{2+}]}{[Cu_T]} \tag{4.52}$$

$$\beta_2 = \frac{[Cu(NH_3)_2^{2+}]}{[Cu_T]} \tag{4.53}$$

$$\beta_3 = \frac{[Cu(NH_3)_3^{2+}]}{[Cu_T]} \tag{4.54}$$

$$\beta_4 = \frac{[Cu(NH_3)_4^{2+}]}{[Cu_T]} \tag{4.55}$$

结合反应式（4.46）～反应式（4.55）可得

$$\beta_0 = \frac{1}{1 + 10^{4.30}[NH_3] + 10^{7.91}[NH_3]^2 + 10^{10.80}[NH_3]^3 + 10^{13.20}[NH_3]^4} \quad (4.56)$$

$$\beta_1 = 10^{4.30}[NH_3]\beta_0 \quad (4.57)$$

$$\beta_2 = 10^{7.91}[NH_3]^2\beta_0 \quad (4.58)$$

$$\beta_3 = 10^{10.80}[NH_3]^3\beta_0 \quad (4.59)$$

$$\beta_4 = 10^{13.20}[NH_3]^4\beta_0 \quad (4.60)$$

根据式（4.56）～式（4.60），能够绘制出铜铵溶液中 $Cu(NH_3)^{2+}$、$Cu(NH_3)_2^{2+}$、$Cu(NH_3)_3^{2+}$ 和 $Cu(NH_3)_4^{2+}$ 在不同铵盐浓度条件下的分布规律曲线，如图 4.88 所示。

由图 4.88 可以观察到，铜氨络合物在水溶液中的分布与溶液中氨组分的浓度密切相关。在不同铵盐浓度条件下，铜氨络合物在溶液中的优势组分呈现出明显差异。当溶液处于低浓度氨组分环境时，铜氨络合物主要以 Cu^{2+} 和 $Cu(NH_3)^{2+}$ 的形式存在；随着溶液中氨组分浓度的逐渐增加，溶液中 $Cu(NH_3)_2^{2+}$、$Cu(NH_3)_3^{2+}$ 以及 $Cu(NH_3)_4^{2+}$ 的相对含量依次呈现出逐渐增加的趋势。本研究采用的铵盐浓度为 1.5×10^{-3} mol/L，在此条件下，溶液中的铜氨络合物主要以 $Cu(NH_3)_2^{2+}$ 和 $Cu(NH_3)_3^{2+}$ 的形式存在，这为后续探讨铜铵协同活化体系的作用机制提供了溶液化学基础。

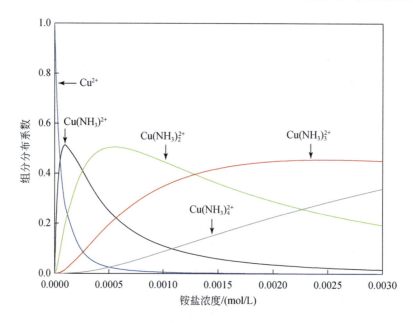

图 4.88　铜氨络合物在水溶液中的分布系数与铵盐浓度的关系

4.5.2　铜铵协同活化对氧化锌矿物表面特性的影响

1. 铜铵协同活化体系矿浆溶液中铜组分的变化规律

为揭示铜铵组分对菱锌矿表面的活化效果，本研究对比考察了铜铵协同活化体系与铜离子活化体系菱锌矿表面铜离子吸附量与时间的关系，如图 4.89 所示。由图可知，无论是在铜离子活化体系抑或是铜铵协同活化体系，菱锌矿表面铜离子吸附量均随着吸附时间的推进呈现出增加的趋势，这说明上述两种活化体系中的铜离子均可从矿浆溶液迁移至菱锌矿表面，进而促使矿物表面生成铜位点。在铜离子初始浓度相同的条件下，相较于铜离子活化体系，菱锌矿在铜铵协同活化体系中的矿物表面铜离子吸附量明显更高，并且在铜铵协同活化体系下，菱锌矿仅需 5 min 即可达到吸附平衡，反观铜离子活化体系，菱锌矿在作用 10 min 以后矿物表面铜离子的吸附量才趋于稳定状态。这一鲜明对比说明，铜铵组分对菱锌矿表面协同活化后，不仅能够增加矿物表面铜位点的数量，而且能够提高铜离子在矿物表面的吸附效率。

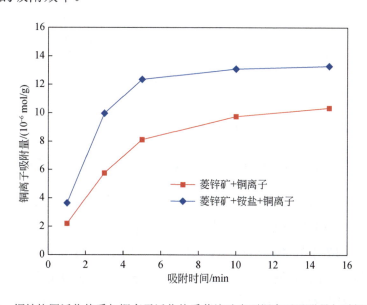

图 4.89　铜铵协同活化体系与铜离子活化体系菱锌矿表面铜离子吸附量与时间的关系

2. 铜铵协同活化体系菱锌矿表面 Zeta 电位的变化规律

图 4.90 显示了菱锌矿在铜铵协同活化体系与其他体系菱锌矿表面 Zeta 电位

与 pH 的关系。由图可知，菱锌矿在铜离子活化体系的等电点为 pH 8.9，而在铜铵活化体系的等电点迁移至 pH 9.3，同时，菱锌矿在铜铵活化体系中矿物表面 Zeta 电位明显高于其在铜离子活化体系下的 Zeta 电位，这说明菱锌矿在铜铵协同活化体系的活化效果优于在铜离子活化体系的活化效果。因此，菱锌矿表面经铜铵协同活化后，矿物表面的反应活性得到增强，为硫化钠的后续吸附创造了良好的条件，有利于矿物表面生成更多且更厚的硫化产物，从而促进捕收剂吸附过程，进而提高菱锌矿的浮选回收率。

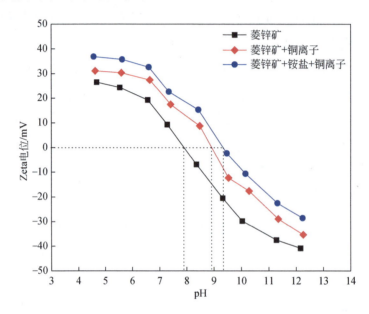

图 4.90　铜铵协同活化体系与其他体系菱锌矿表面 Zeta 电位与 pH 的关系

3. 铜铵体系协同活化菱锌矿表面元素组成和化学态的变化规律

为进一步证实菱锌矿在铜铵协同活化体系的活化效果优于在铜离子活化体系，本研究采用 XPS 技术对菱锌矿在不同活化条件下矿物表面的活化组分进行了考察。由表 4.17 中的数据可以看到，提高铜离子的浓度有利于菱锌矿表面铜位点的增加，并且在铜离子初始浓度相同的条件下，菱锌矿在铜铵协同活化体系作用后，其矿物表面 Cu2p 的原子浓度高于铜离子活化体系下 Cu2p 的原子浓度。

结合图 4.91 与图 4.92 可知，在铜离子初始浓度相同的条件下，与铜离子活化相比，菱锌矿经铜铵协同活化后，矿物表面 Cu2p 的 XPS 谱峰的强度更高，即使进一步提高铜离子浓度，铜铵协同活化所展现出的效果依旧更为优越。

表 4.17　铜铵协同活化体系与铜离子活化体系菱锌矿表面的原子浓度

活化条件	原子浓度/%			
	C1s	O1s	Zn2p	Cu2p
（a）	17.71	59.78	20.22	2.29
（b）	17.66	59.66	20.15	2.53
（c）	17.57	59.51	20.09	2.83
（d）	17.31	59.47	19.75	3.47

注：（a）经 2×10^{-4} mol/L 铜离子活化后；（b）经 4×10^{-4} mol/L 铜离子活化后；（c）经 1.5×10^{-3} mol/L 铵盐和 2×10^{-4} mol/L 铜离子协同活化后；（d）经 1.5×10^{-3} mol/L 铵盐和 4×10^{-4} mol/L 铜离子协同活化后。

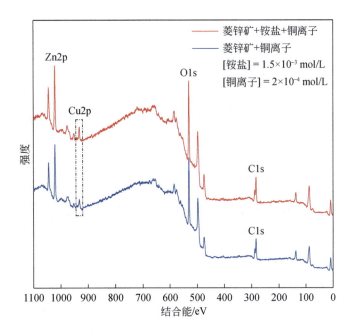

图 4.91　铜铵协同活化体系与铜离子活化体系菱锌矿表面 XPS 全谱图 1

　　为查明活化剂与菱锌矿表面的相互作用机制，本研究对菱锌矿表面 O1s 的 XPS 谱进行分峰处理，并针对不同活化条件下矿物表面 O1s 谱峰的结合能和相对含量进行了对比研究，相应结果如图 4.93 和表 4.18 所示。与低浓度铜离子活化菱锌矿相比 [图 4.93（a）]，在提高铜离子浓度后 [图 4.93（b）]，矿物表面—Zn—O/—Cu—O 组分中的氧占总氧的比例由 51.92% 增加到 55.41%，而—OH 组分中的氧占总氧的比例则由 48.08% 降低为 44.59%，这一现象说明矿浆溶液中铜离子浓度的增加能够降低矿物表面亲水性羟基组分的含量。当铜离子浓度为 2×10^{-4} mol/L 时，经铜铵协同活化菱锌矿后 [图 4.93（c）]，—OH 组分中的氧占总氧的比例相较于铜离子活化降低了 8.17%，表明菱锌矿表面铜铵协同活化有利于矿物疏水性的改善。这可能由于铜铵协同活化后，矿物表面会生成—Cu—OH/Cu $(NH_3)_n^{2+}$ 组分，并且能够促进 Cu(OH)$^+$ 与矿物表面的 Zn(OH)$_m^{n+}$ 组分之间的脱水反应，进而降低了矿物表面—OH 组分的含量。将铜离子浓度进一步提高至 $4×10^{-4}$ mol/L 后，同样地，矿物表面—OH 组分中的氧占总氧的比例（38.94%）在铜铵协同活化体系

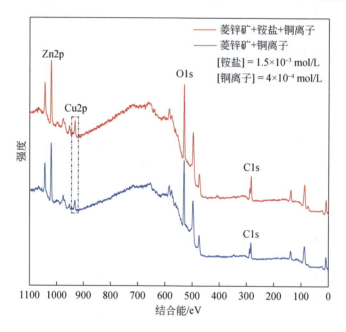

图 4.92　铜铵协同活化体系与铜离子活化体系菱锌矿表面 XPS 全谱图 2

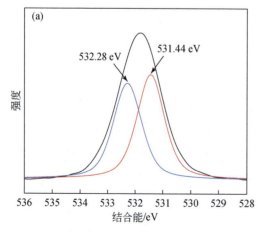
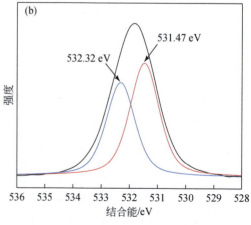

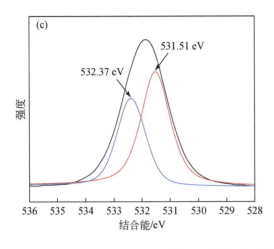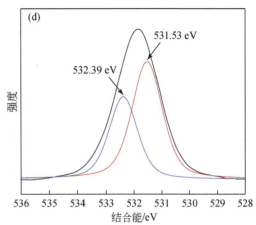

图 4.93　铜铵协同活化体系与铜离子活化体系菱锌矿表面 O1s 谱图

(a) 经 2×10^{-4} mol/L 铜离子活化后；(b) 经 4×10^{-4} mol/L 铜离子活化后；(c) 经 1.5×10^{-3} mol/L 铵盐和 2×10^{-4} mol/L 铜离子协同活化后；(d) 经 1.5×10^{-3} mol/L 铵盐和 4×10^{-4} mol/L 铜离子协同活化后

表 4.18　铜铵协同活化体系与铜离子活化体系菱锌矿表面 O1s 谱峰的结合能和相对含量

活化条件	组分	O1s 结合能/eV	组分分布/%
(a)	—Zn—O/—Cu—O	531.44	51.92
	—OH	532.28	48.08
(b)	—Zn—O/—Cu—O	531.47	55.41
	—OH	532.32	44.59
(c)	—Zn—O/—Cu—O	531.51	60.09
	—OH	532.37	39.91
(d)	—Zn—O/—Cu—O	531.53	61.06
	—OH	532.39	38.94

注：(a) 经 2×10^{-4} mol/L 铜离子活化后；(b) 经 4×10^{-4} mol/L 铜离子活化后；(c) 经 1.5×10^{-3} mol/L 铵盐和 2×10^{-4} mol/L 铜离子协同活化后；(d) 经 1.5×10^{-3} mol/L 铵盐和 4×10^{-4} mol/L 铜离子协同活化后。

明显低于单一铜离子活化体系（44.59%）。因此，无论铜离子浓度高低如何，菱锌矿经铜铵协同活化处理后，矿物表面的亲水性均明显降低，这为后续浮选药剂的高效吸附创造了更为有利的条件。

　　图 4.94 为菱锌矿在铜铵协同活化体系与铜离子活化体系中矿物表面 Zn2p 的 XPS 谱图，从图中可以发现，无论菱锌矿处于铜离子活化体系抑或是铜铵协同活化体系，矿物表面的 Zn2p 的结合能均未呈现出明显的偏移现象。这是由于矿物表面的锌离子并未直接参与活化反应，因此活化剂对其影响较小。

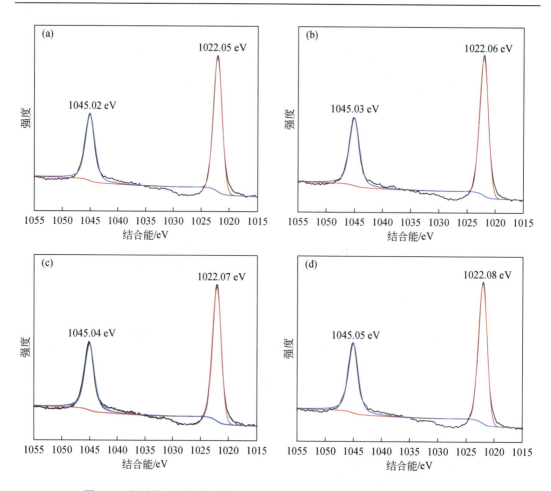

图 4.94　铜铵协同活化体系与铜离子活化体系菱锌矿表面 Zn2p 的 XPS 谱图

(a) 经 2×10^{-4} mol/L 铜离子活化后；(b) 经 4×10^{-4} mol/L 铜离子活化后；(c) 经 1.5×10^{-3} mol/L 铵盐和 2×10^{-4} mol/L 铜离子协同活化后；(d) 经 1.5×10^{-3} mol/L 铵盐和 4×10^{-4} mol/L 铜离子协同活化后

　　前面研究结果已证实，无论菱锌矿在铜离子活化体系还是铜铵协同活化体系，矿物表面均会生成铜组分。为深入理解铜离子或铜铵组分与菱锌矿表面的作用机制，本研究将菱锌矿在铜铵协同活化体系与铜离子活化体系中矿物表面 Cu2p 的 XPS 谱进行了分峰拟合，相应结果见图 4.95 与表 4.19。

表 4.19　铜铵协同活化体系与铜离子活化体系菱锌矿表面 Cu2p$_{3/2}$ 谱峰的结合能和相对含量

活化条件	组分	Cu2p$_{3/2}$ 结合能/eV	组分分布/%
(a)	—Cu—OH	934.24	20.09
	Cu(II)	932.81	79.91

续表

活化条件	组分	Cu2p$_{3/2}$结合能/eV	组分分布/%
（b）	—Cu—OH	934.08	27.27
	Cu(II)	932.70	72.73
（c）	—Cu—OH/Cu(NH$_3$)$_n^{2+}$	933.81	31.10
	Cu(II)	932.63	68.90
（d）	—Cu—OH/Cu(NH$_3$)$_n^{2+}$	933.79	39.77
	Cu(II)	932.68	60.23

注：（a）经 2×10^{-4} mol/L 铜离子活化后；（b）经 4×10^{-4} mol/L 铜离子活化后；（c）经 1.5×10^{-3} mol/L 铵盐和 2×10^{-4} mol/L 铜离子协同活化后；（d）经 1.5×10^{-3} mol/L 铵盐和 4×10^{-4} mol/L 铜离子协同活化后。

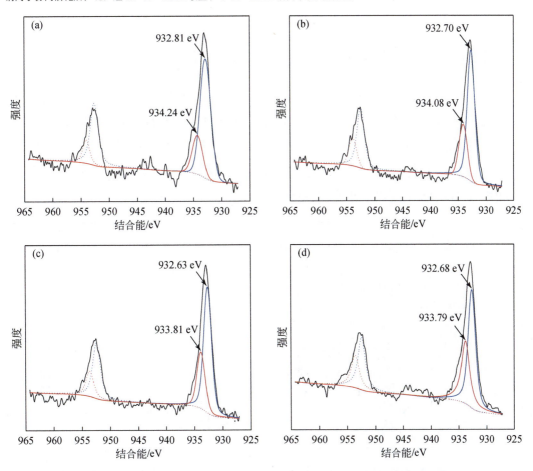

图 4.95　铜铵协同活化体系与铜离子活化体系菱锌矿表面 Cu2p 谱图

（a）经 2×10^{-4} mol/L 铜离子活化后；（b）经 4×10^{-4} mol/L 铜离子活化后；（c）经 1.5×10^{-3} mol/L 铵盐和 2×10^{-4} mol/L 铜离子协同活化后；（d）经 1.5×10^{-3} mol/L 铵盐和 4×10^{-4} mol/L 铜离子协同活化后

结合图 4.95 和表 4.19 中的结果可以发现，与低浓度铜离子活化菱锌矿相比〔图 4.95（a）〕，在提高铜离子浓度后〔图 4.95（b）〕，矿物表面—Cu—OH 组分中的铜占总铜的比例由 20.09%增加到 27.27%，而 Cu(II)组分中的铜占总铜的比例则由 79.91%降低至 72.73%，表明矿浆溶液中铜离子浓度的提高虽然能够增加矿物表面铜组分的含量，但—Cu—OH 组分的占比也相应增加，而—Cu—OH 组分的生成不利于后续浮选药剂与矿物表面进行作用。在铜铵协同活化体系中，矿浆溶液中的活性组分主要以 $Cu(NH_3)_2^{2+}$ 和 $Cu(NH_3)_3^{2+}$ 的形式存在，这些活性组分与菱锌矿表面作用过程中，会促使矿物表面生成 Cu(II)组分和—Cu—OH/$Cu(NH_3)_n^{2+}$ 组分，尤为关键的是，铜铵协同活化能够减少亲水性的—Cu—OH 组分在矿物表面生成，有利于后续的硫化过程和捕收剂吸附。

4. 铜铵协同活化体系菱锌矿表面 Cu^+ 离子 ToF-SIMS 表征

为了能够形象直观地对比分析铜离子活化体系和铜铵协同活化体系菱锌矿表面的活化效果，本研究采用 ToF-SIMS 的表面检测和深度剖析技术对菱锌矿在不同活化条件下矿物表面 Cu^+ 离子信号进行表征。如图 4.96 所示，菱锌矿表面经铜铵协同活化后的 Cu^+ 离子信号明显强于铜离子活化后的 Cu^+ 离子信号，这表明铜铵协同活化菱锌矿的效果更佳。

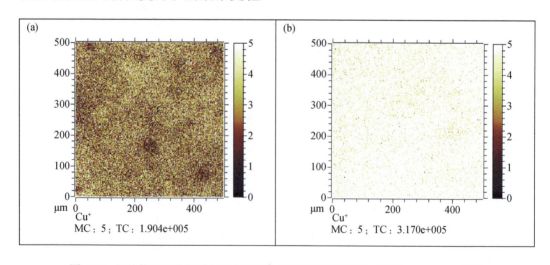

图 4.96　铜铵协同活化体系与铜离子活化体系菱锌矿表面 Cu^+ 离子 ToF-SIMS 图像

（a）经铜离子活化后；（b）经铵盐和铜离子协同活化后

此外，本研究对菱锌矿在铜离子活化体系和铜铵协同活化体系矿物表面 Cu$^+$ 离子进行了 ToF-SIMS 深度剖析，从而考察活性组分在矿物表面的空间分布特性。借助图 4.97 所呈现的三维深度剖析图像可以清楚地看到，与铜离子活化相比，菱锌矿经铜铵协同活化后，Cu$^+$ 离子在矿物表面纵向分布更加均匀，铜组分覆盖层更加密实，说明铜铵协同活化体系中的铜组分向菱锌矿表面的迁移程度更强，活化效果更好。同样的现象也在图 4.98 中的深剖曲线结果中得到验证。

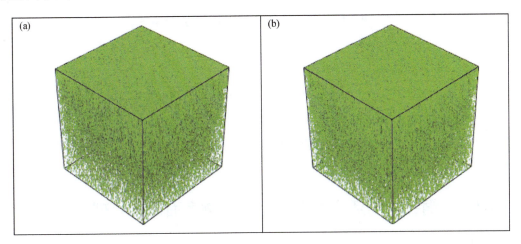

图 4.97　铜铵协同活化体系与铜离子活化体系菱锌矿表面 Cu$^+$ 离子 ToF-SIMS 深度剖析 3D 图

（a）经铜离子活化后；（b）经铵盐和铜离子协同活化后

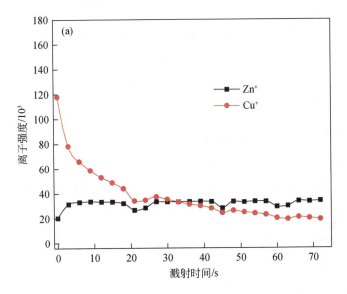

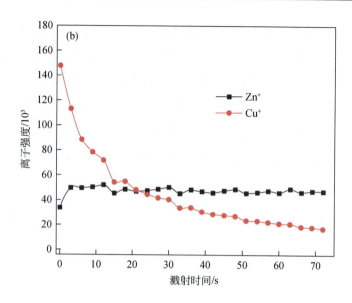

图 4.98 铜铵协同活化体系与铜离子活化体系菱锌矿表面正离子 ToF-SIMS 深剖曲线

（a）经铜离子活化后；（b）经铵盐和铜离子协同活化后

4.5.3 铜铵协同活化体系氧化锌矿物表面硫化机理

1. 铜铵组分对菱锌矿硫化体系矿物表面 Zeta 电位的影响

与铜离子活化体系相比，菱锌矿在铜铵协同活化体系的活化效果更为显著，矿物表面生成铜组分的含量更高，且矿浆溶液中的铜组分在矿物表面的吸附效率也得到提高。因此，为了揭示铜铵协同活化体系菱锌矿表面硫化特性及强化机制，本研究首先考察了铜铵组分对菱锌矿硫化体系矿物表面 Zeta 电位的影响，结果如图 4.99 所示。

由图 4.99 所示结果可知，菱锌矿在铜铵协同活化体系硫化前，其表面的等电点在 pH 9.3 附近；经硫化作用后，等电点迁移至 pH 6.0 左右，且与铜铵组分协同活化的菱锌矿相比，菱锌矿在铜铵体系硫化后的 Zeta 电位在整个测定的 pH 区间内均明显降低，说明硫化钠能够很容易地吸附在铜铵组分协同活化后的矿物表面。此外，通过对菱锌矿+铜铵组分+硫化钠与菱锌矿+铜铵组分体系间的 Zeta 电位差值，以及菱锌矿+铜离子+硫化钠与菱锌矿+铜离子体系之间的 Zeta 电位差值进行对比，可以发现前者的差值明显超过后者。这一对比结果表明，在铜铵协同活化体系中，矿浆溶液中的硫离子向菱锌矿表面转移的趋势更为强烈，即铜铵组分对菱锌矿的强化硫化效果优于铜离子。

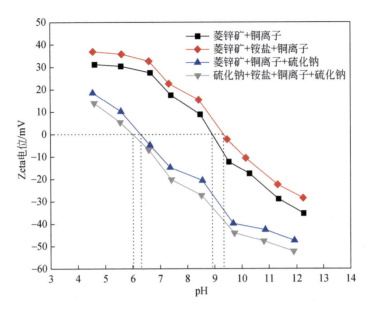

图 4.99 铜铵组分-硫化钠体系与其他体系菱锌矿 Zeta 电位与 pH 的关系

2. 铜铵组分对菱锌矿硫化体系矿物表面元素组成的影响

本研究通过对比分析菱锌矿在铜铵组分-硫化钠体系与铜离子-硫化钠体系中矿物表面的 XPS 全谱图及原子浓度数据，查明铜铵组分对菱锌矿硫化体系矿物表面元素组成的影响。如图 4.100 所示，经铜铵协同活化体系硫化处理的菱锌矿，其矿物表面 Cu 和 S 的信号峰明显高于在铜离子活化体系菱锌矿硫化后的信号峰。这说明，在铜铵协同活化体系中，菱锌矿表面生成的硫化铜组分含量更高，这主要归因于铜铵组分对菱锌矿的活化效果优于单一铜离子，使得矿物表面活性位点不仅数量增多，而且活性显著增强，因此，菱锌矿在铜铵协同活化体系中矿物表面硫化产物的含量更高。

从表 4.20 中的数据可以发现，无论是铜离子活化体系还是铜铵协同活化体系，铜离子浓度的增加均有利于菱锌矿表面硫化铜组分的生成。另外，无论铜离子浓度高低与否，菱锌矿在铜铵协同活化体系矿物表面 Cu2p 和 S2p 的原子浓度，始终高于其在铜离子活化体系下所对应的原子浓度。这一现象表明，经铜铵协同活化后，菱锌矿表面更容易与矿浆溶液中的硫化钠进行相互作用，能够生成更多的硫化产物。

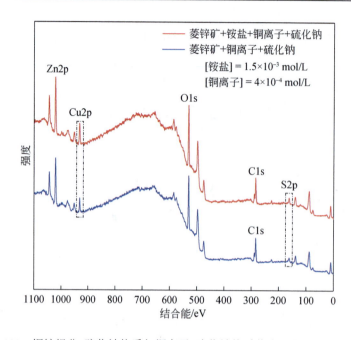

图 4.100　铜铵组分-硫化钠体系与铜离子-硫化钠体系菱锌矿表面 XPS 全谱图

表 4.20　铜铵组分-硫化钠体系与铜离子-硫化钠体系菱锌矿表面的原子浓度

硫化条件	原子浓度/%				
	C1s	O1s	Zn2p	Cu2p	S2p
（a）	16.13	55.86	20.20	3.47	4.34
（b）	16.21	55.31	20.11	3.58	4.79
（c）	14.60	55.59	20.83	3.86	5.12
（d）	14.43	54.33	20.97	4.18	6.09

注：（a）经 2×10^{-4} mol/L 铜离子和 6×10^{-4} mol/L 硫化钠处理后；（b）经 4×10^{-4} mol/L 铜离子和 6×10^{-4} mol/L 硫化钠处理后；（c）经 1.5×10^{-3} mol/L 铵盐、2×10^{-4} mol/L 铜离子和 6×10^{-4} mol/L 硫化钠处理后；（d）经 1.5×10^{-3} mol/L 铵盐、4×10^{-4} mol/L 铜离子和 6×10^{-4} mol/L 硫化钠处理后。

3. 铜铵组分对菱锌矿硫化体系矿物表面化学态的影响

从图 4.101 可以看到，菱锌矿在不同硫化条件下，其矿物表面 O1s 的结合能并未呈现出明显的偏移，然而，矿物表面—Zn—O/—Cu—O 组分和—OH 组分的含量却存在一定程度的差异。结合表 4.21 中的数据可知，当铜离子浓度为 2×10^{-4} mol/L 时，菱锌矿在经铜铵协同活化体系硫化处理后，矿物表面—OH 组分中的氧占总氧的比例仅为 37.92%，而在铜离子活化体系硫化后，该比例升高至 46.89%。这一差异说明，菱锌矿在铜铵协同活化体系硫化后，其矿物表面能够更为有效地降低亲水性羟基组分的含量，进而改善矿物表面的疏水性。随着铜离子浓度进一步提高至 $4×10^{-4}$ mol/L 后，对比铜铵协同活化体系与铜离子活化体系可以发现，前者在降低矿物表面亲水性羟基组分含量方面的优势更加明显。

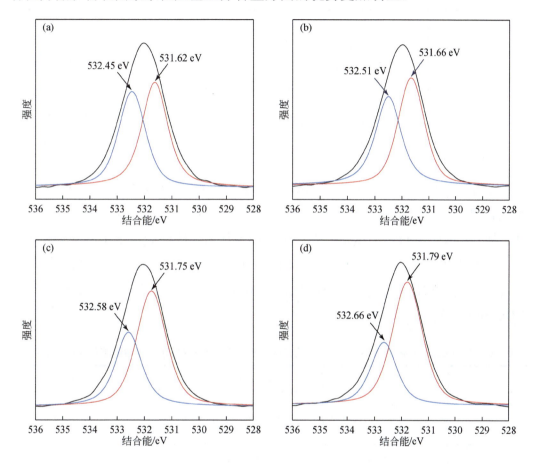

图 4.101　铜铵组分-硫化钠体系与铜离子-硫化钠体系菱锌矿表面 O1s 谱图

（a）经 $2×10^{-4}$ mol/L 铜离子和 $6×10^{-4}$ mol/L 硫化钠处理后；（b）经 $4×10^{-4}$ mol/L 铜离子和 $6×10^{-4}$ mol/L 硫化钠处理后；（c）经 $1.5×10^{-3}$ mol/L 铵盐、$2×10^{-4}$ mol/L 铜离子和 $6×10^{-4}$ mol/L 硫化钠处理后；（d）经 $1.5×10^{-3}$ mol/L 铵盐、$4×10^{-4}$ mol/L 铜离子和 $6×10^{-4}$ mol/L 硫化钠处理后

表 4.21　铜铵组分-硫化钠体系与铜离子-硫化钠体系菱锌矿表面 O1s 谱峰的结合能和相对含量

硫化条件	组分	O1s 结合能/eV	组分分布/%
（a）	—Zn—O/—Cu—O	531.62	53.11
	—OH	532.45	46.89

硫化条件	组分	O1s 结合能/eV	组分分布/%
（b）	—Zn—O/—Cu—O	531.66	53.26
	—OH	532.51	46.74
（c）	—Zn—O/—Cu—O	531.75	62.08
	—OH	532.58	37.92
（d）	—Zn—O/—Cu—O	531.79	68.42
	—OH	532.66	31.58

注：（a）经 $2×10^{-4}$ mol/L 铜离子和 $6×10^{-4}$ mol/L 硫化钠处理后；（b）经 $4×10^{-4}$ mol/L 铜离子和 $6×10^{-4}$ mol/L 硫化钠处理后；（c）经 $1.5×10^{-3}$ mol/L 铵盐、$2×10^{-4}$ mol/L 铜离子和 $6×10^{-4}$ mol/L 硫化钠处理后；（d）经 $1.5×10^{-3}$ mol/L 铵盐、$4×10^{-4}$ mol/L 铜离子和 $6×10^{-4}$ mol/L 硫化钠处理后。

菱锌矿硫化后矿物表面生成的硫化产物是衡量硫化效果的重要因素，矿物表面元素组成分析已证实菱锌矿在铜铵协同活化体系矿物表面硫化产物的含量更高。为深入探究不同活化体系中菱锌矿表面硫化后生成的硫化铜组分的化学态差异，本研究对菱锌矿在铜铵组分–硫化钠体系与铜离子–硫化钠体系菱锌矿的 Cu2p 和 S2p 的 XPS 谱进行了分峰拟合，相应结果见图 4.102 和表 4.22，以及图 4.103 和表 4.23。

表 4.22　铜铵组分–硫化钠体系与铜离子–硫化钠体系菱锌矿表面 Cu2p$_{3/2}$ 谱峰的结合能和相对含量

活化条件	组分	Cu2p$_{3/2}$ 结合能/eV	组分分布/%
（a）	Cu(I)—S	932.02	68.88
	Cu(II)—S	932.90	31.12
（b）	Cu(I)—S	932.05	67.88
	Cu(II)—S	933.02	32.12
（c）	Cu(I)—S	932.16	59.33
	Cu(II)—S	933.00	40.67
（d）	Cu(I)—S	931.93	51.20
	Cu(II)—S	932.81	48.80

注：（a）经 $2×10^{-4}$ mol/L 铜离子和 $6×10^{-4}$ mol/L 硫化钠处理后；（b）经 $4×10^{-4}$ mol/L 铜离子和 $6×10^{-4}$ mol/L 硫化钠处理后；（c）经 $1.5×10^{-3}$ mol/L 铵盐、$2×10^{-4}$ mol/L 铜离子和 $6×10^{-4}$ mol/L 硫化钠处理后；（d）经 $1.5×10^{-3}$ mol/L 铵盐、$4×10^{-4}$ mol/L 铜离子和 $6×10^{-4}$ mol/L 硫化钠处理后。

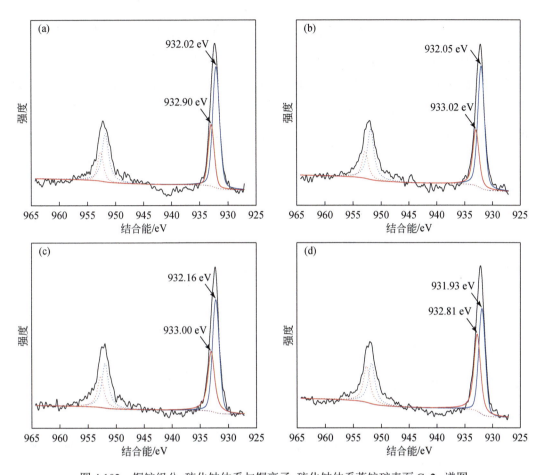

图 4.102 铜铵组分-硫化钠体系与铜离子-硫化钠体系菱锌矿表面 Cu2p 谱图

（a）经 2×10^{-4} mol/L 铜离子和 6×10^{-4} mol/L 硫化钠处理后；（b）经 4×10^{-4} mol/L 铜离子和 6×10^{-4} mol/L 硫化钠处理后；（c）经 1.5×10^{-3} mol/L 铵盐、2×10^{-4} mol/L 铜离子和 6×10^{-4} mol/L 硫化钠处理后；（d）经 1.5×10^{-3} mol/L 铵盐、4×10^{-4} mol/L 铜离子和 6×10^{-4} mol/L 硫化钠处理后

如图 4.103 所示，菱锌矿在经不同硫化条件处理后，其矿物表面 Cu2p 的 XPS 谱均由两对 $Cu2p_{1/2}$ 和 $Cu2p_{3/2}$ 双峰组成，其中，结合能相对较低的谱峰归属于 Cu(I)—S 组分中的铜，而结合能相对较高的谱峰可归因于 Cu(II)—S 组分中的铜。由此可见，在不同硫化条件下，矿物表面均存在两种化学态各异的硫化铜组分，且二者在总铜中的占比呈现出明显的差异。结合表 4.23 中的数据可以发现，在铜离子浓度较低的情况下 [表 4.23（a）和（c）]，菱锌矿在铜离子活化体系硫化后，矿物表面 Cu(I)—S 和 Cu(II)—S 组分中铜在总铜的占比分别为 68.88% 和 31.12%；而在铜铵协同活化体系硫化后，这两种组分的占比则分别为 59.33% 和 40.67%。由此可见，相比于铜离子活化体系，铜铵协同活化体系硫化后矿物表面 Cu(I)—S 组分的含量呈现出一定程度的降低趋势，而 Cu(II)—S 组分的含量则相对有所增

加。Cu(I)—S 组分的生成是由于矿浆溶液中的硫离子与矿物表面吸附的铜离子之间发生了氧化还原反应，而 Cu(II)—S 组分的生成则是由于矿浆溶液中的硫离子直接吸附在矿物表面的铜位点上。由于 Cu(II)—S 组分相较于 Cu(I)—S 组分与黄药的反应活性更高，因此，菱锌矿在铜铵协同活化体系硫化后，矿物表面能够生成更多的 Cu(II)—S 组分，这对菱锌矿表面硫化铜组分的活性起到了显著的促进作用。

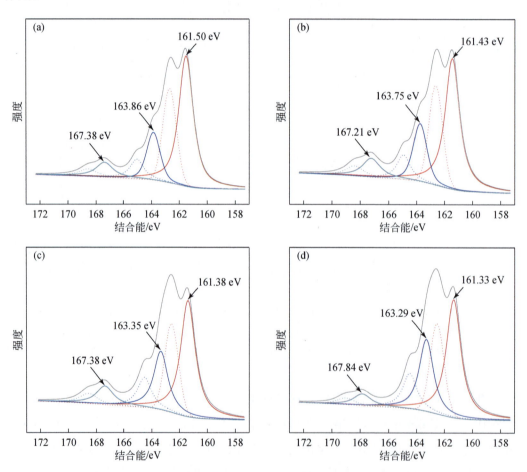

图 4.103　铜铵组分-硫化钠体系与铜离子-硫化钠体系菱锌矿表面 S2p 谱图

（a）经 $2×10^{-4}$ mol/L 铜离子和 $6×10^{-4}$ mol/L 硫化钠处理后；（b）经 $4×10^{-4}$ mol/L 铜离子和 $6×10^{-4}$ mol/L 硫化钠处理后；（c）经 $1.5×10^{-3}$ mol/L 铵盐、$2×10^{-4}$ mol/L 铜离子和 $6×10^{-4}$ mol/L 硫化钠处理后；（d）经 $1.5×10^{-3}$ mol/L 铵盐、$4×10^{-4}$ mol/L 铜离子和 $6×10^{-4}$ mol/L 硫化钠处理

为进一步证实铜铵组分对菱锌矿表面硫化铜组分的活性具有促进作用，本研究将铜离子浓度提升至 $4×10^{-4}$ mol/L 后进行对比研究。与铜离子活化体系硫化［表 4.23（b）］相比，菱锌矿在铜铵协同活化体系硫化后，矿物表面 Cu(I)—S 组分中

铜在总铜的占比降低了 16.68%，相应地，Cu(II)—S 组分中铜在总铜的占比则增加了 16.68%。因此，铜铵组分对菱锌矿的硫化效果相较于铜离子活化体系具有显著优越性，该结果为菱锌矿在铜离子活化体系和铜铵协同活化体系中的硫化浮选效果对比研究提供了理论依据。

从图 4.103 可以清楚地看到，菱锌矿在不同硫化条件下，其矿物表面的 S2p XPS 谱由三对 S2p$_{1/2}$ 和 S2p$_{3/2}$ 双峰组成，结合能由低到高的谱峰依次对应于硫化物（S^{2-}）、多硫化物（S$_n^{2-}$）和硫氧化合物（SO$_n^{2-}$）中的硫，其中，SO$_n^{2-}$ 是硫离子过度氧化的产物，而 S$_n^{2-}$ 则是硫离子轻微氧化的结果，二者均是矿物表面硫化产物的重要组成部分，并且对硫化产物的活性发挥着积极的促进作用。进一步观察发现，菱锌矿在不同硫化条件下，其矿物表面 S^{2-}、S$_n^{2-}$ 和 SO$_n^{2-}$ 的占比存在差异，这表明矿浆溶液中活化剂的类型及其浓度对菱锌矿表面硫组分的分布具有重要的影响。为实现对矿物表面不同硫组分在总硫中占比的定量分析，本研究对菱锌矿在铜铵组分-硫化钠体系与铜离子-硫化钠体系中矿物表面 S2p 谱峰的结合能和相对含量进行了解析，如表 4.23 所示。

表 4.23 铜铵组分-硫化钠体系与铜离子-硫化钠体系菱锌矿表面 S2p 谱峰的结合能和相对含量

硫化条件	组分	S2p$_{3/2}$ 结合能/eV	组分分布/%
（a）	S^{2-}	161.50	70.05
	S$_n^{2-}$	163.86	20.28
	SO$_n^{2-}$	167.38	9.67
（b）	S^{2-}	161.43	65.35
	S$_n^{2-}$	163.75	22.96
	SO$_n^{2-}$	167.21	11.69
（c）	S^{2-}	161.38	58.99
	S$_n^{2-}$	163.35	29.49
	SO$_n^{2-}$	167.38	11.52
（d）	S^{2-}	161.33	57.63
	S$_n^{2-}$	163.29	34.65
	SO$_n^{2-}$	167.84	7.72

注：（a）经 2×10^{-4} mol/L 铜离子和 6×10^{-4} mol/L 硫化钠处理后；（b）经 4×10^{-4} mol/L 铜离子和 6×10^{-4} mol/L 硫化钠处理后；（c）经 1.5×10^{-3} mol/L 铵盐、2×10^{-4} mol/L 铜离子和 6×10^{-4} mol/L 硫化钠处理后；（d）经 1.5×10^{-3} mol/L 铵盐、4×10^{-4} mol/L 铜离子和 6×10^{-4} mol/L 硫化钠处理后。

由表 4.23 可知，当铜离子浓度为 2×10^{-4} mol/L 时，菱锌矿在铜离子活化体系 [表 4.23（a）] 硫化后，矿物表面 S^{2-} 和 S_n^{2-} 在总硫中的占比分别为 70.05% 和 20.28%；而在铜铵协同活化体系 [表 4.23（c）] 硫化后，这两种组分的占比分别为 58.99% 和 29.49%。即相比于铜离子活化体系，铜铵协同活化体系硫化后矿物表面 S^{2-} 的含量降低，而 S_n^{2-} 的含量则相对增加。当铜离子浓度进一步提升至 4×10^{-4} mol/L 后，与铜离子活化体系 [表 4.23（b）] 相比，菱锌矿在铜铵协同活化体系 [表 4.23（d）] 硫化后，矿物表面 S_n^{2-} 在总硫中的占比从 22.96% 增加至 34.65%，而 S^{2-} 的占比则从 65.35% 降低至 57.63%。因此，经铜铵组分协同活化处理后，菱锌矿表面硫组分的活性得到了增强，即与铜离子活化体系相比，在铜铵协同活化体系中，菱锌矿表面生成的硫化铜组分的反应活性更高，能够与后续添加的浮选药剂发生更强的相互作用。

4. 铜铵协同活化体系硫化的菱锌矿表面 ToF-SIMS 表征

前面的研究结果表明，菱锌矿在铜铵协同活化体系的硫化效果优于铜离子活化体系，相比于铜铵协同活化体系和铜离子活化体系，菱锌矿在单一的硫化钠体系矿物表面硫化产物的含量和活性均较差，难以满足高效浮选的需求。为进一步查明菱锌矿在这三种体系硫化后矿物表面 S^- 离子和 S_2^- 离子的分布情况差异，本研究采用 ToF-SIMS 技术对菱锌矿在不同硫化条件下得到的 S^- 离子和 S_2^- 离子进行了表面检测和深度剖析，相应结果如图 4.104 和图 4.105 所示。

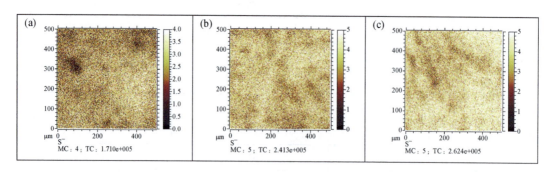

图 4.104　铜铵组分–硫化钠体系与其他硫化体系菱锌矿表面 S^- 离子 ToF-SIMS 图像

（a）经硫化钠处理后；（b）经铜离子和硫化钠处理后；（c）经铵盐、铜离子和硫化钠处理后

从图 4.104 和图 4.105 可以直观地看到，菱锌矿在铜铵协同活化体系硫化后，其矿物表面的 S^- 离子和 S_2^- 离子所对应的信号强度最强；铜离子活化体系硫化后的信号强度次之；而在单一硫化钠体系硫化后，矿物表面的 S^- 离子和 S_2^- 离子信

号强度则相对最弱。

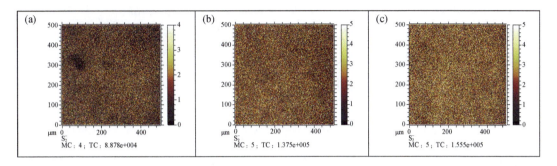

图 4.105　铜铵组分-硫化钠体系与其他硫化体系菱锌矿表面 S_2^- 离子 ToF-SIMS 图像

（a）经硫化钠处理后；（b）经铜离子和硫化钠处理后；（c）经铵盐、铜离子和硫化钠处理后

同时，本研究对菱锌矿在铜铵组分-硫化钠体系与其他硫化体系中矿物表面的 S^- 离子和 S_2^- 离子进行 ToF-SIMS 深度剖析，从而获得其在矿物表面的空间分布信息，相应结果见图 4.106 和图 4.107。从图中可以清楚地看到，相较于单一硫化钠体系，菱锌矿在铜离子活化体系硫化后，S^- 离子和 S_2^- 离子在矿物表面的覆盖

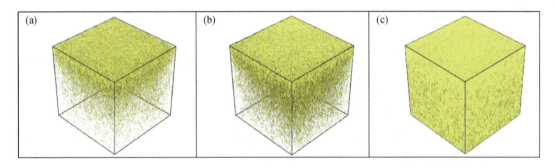

图 4.106　铜铵组分-硫化钠体系与其他硫化体系菱锌矿表面 S^- 离子 ToF-SIMS 深度剖析 3D 图

（a）经硫化钠处理后；（b）经铜离子和硫化钠处理后；（c）经铵盐、铜离子和硫化钠处理后

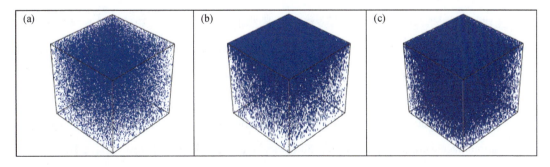

图 4.107　铜铵组分-硫化钠体系与其他硫化体系菱锌矿表面 S_2^- 离子 ToF-SIMS 深度剖析 3D 图

（a）经硫化钠处理后；（b）经铜离子和硫化钠处理后；（c）经铵盐、铜离子和硫化钠处理后

层比单一硫化的覆盖层厚度明显增加，结构更为厚实；进一步与铜离子活化体系的硫化效果进行对比可以发现，菱锌矿在铜铵协同活化体系硫化后，矿物表面的 S^- 离子和 S_2^- 离子在矿物表面的纵向分布更深，所形成的硫组分覆盖层更厚。以上结果充分说明，在铜铵协同活化体系中，矿浆溶液中的硫离子向菱锌矿表面迁移的程度更为显著，进而使得硫化效果更为突出。

参 考 文 献

［1］ Ding Z Y，Che Q Y，Yin Z L，et al. Predominance diagrams for Zn(II)—NH₃—Cl⁻-H₂O system. Transactions of Nonferrous Metals Society of China，2013，23（3）：832-840.

［2］ Powell K J，Brown P L，Byrne R H，et al. Chemical speciation of environmentally significant metals with inorganic ligands. Part 2：The Cu^{2+}—OH^-，Cl^-，CO_3^{2-}，SO_4^{2-}，and PO_4^{3-} systems （IUPAC Technical Report）. Pure and Applied Chemistry，2007，79（5）：895-950.

［3］ Hem J D. Geochemical controls on lead concentrations in stream water and sediments. Geochimica et Cosmochimica Acta，1976，40（6）：599-609.

［4］ Mann A W，Deutscher R L. Solution geochemistry of lead and zinc in water containing carbonate，sulphate and chloride ions. Chemical Geology，1980，29（1-4）：293-311.

［5］ Powell K J，Brown P L，Byrne R H，et al. Chemical speciation of environmentally significant metals with inorganic ligands. Part 3：The $Pb^{2+}+OH^-$，Cl^-，CO_3^{2-}，and PO_4^{3-} systems （IUPAC Technical Report）. Pure and Applied Chemistry，2009，81（12）：2425-2476.

［6］ Wang Y Y，Chai L Y，Chang H，et al. Equilibrium of hydroxyl complex ions in Pb^{2+}-H₂O system. Transactions of Nonferrous Metals Society of China，2009，19（2）：458-462.

［7］ 胡岳华，徐竞，罗超奇，等. 菱锌矿/方解石胺浮选溶液化学研究. 中南工业大学学报，1995，（5）：589-594.

［8］ 王洪岭，钟宏. 阳离子捕收剂对菱锌矿的浮选研究. 铜业工程，2010，（1）：43-45.

［9］ Giannopoulou I，Panias D，Paspaliaris I. Electrochemical modeling and study of copper deposition from concentrated ammoniacal sulfate solutions. Hydrometallurgy，2009，99（1-2）：58-66.

［10］ Hu J G，Chen Q Y，Hu H P，et al. Extraction behavior and mechanism of Cu(II) in ammoniacal sulfate solution with β-diketone. Hydrometallurgy，2012，127：54-61.

第5章 氧化锌矿物表面疏水性强化机制

不同活化体系对氧化锌矿物表面硫化过程有着显著影响，而矿物表面硫化程度及硫化产物特性直接关系到捕收剂在矿物表面的吸附行为，进而影响矿物表面疏水性。因此，本章将深入探讨氧化锌矿物表面疏水性强化机制，揭示不同活化体系中矿物表面的润湿性和捕收剂吸附特性变化规律。

5.1 铵盐活化体系

在矿物浮选进程中，菱锌矿的疏水性本质上取决于捕收剂在其表面的吸附效果，而黄药作为常用捕收剂，其在菱锌矿表面的吸附行为对浮选效果起着关键作用。因此，明确不同活化体系对菱锌矿浮选行为的影响，需要考察活化处理前后黄药在菱锌矿表面的吸附行为变化规律。本小节主要通过研究铵盐活化前后黄药在菱锌矿表面的吸附行为变化，探讨铵盐活化体系对菱锌矿表面疏水性的影响机制，为优化氧化锌矿物浮选工艺提供理论依据。

如图 5.1 所示，在矿浆溶液中加入黄药后，无论是铵盐活化前抑或是活化后的菱锌矿，其表面 Zeta 电位均更负，表明黄药能够吸附在硫化后的菱锌矿表面。进一步探究硫化钠浓度对黄药吸附行为的影响可知，当硫化钠浓度由 2.5×10^{-4} mol/L 增加到 7.5×10^{-4} mol/L 时，菱锌矿的 Zeta 电位进一步降低，这说明随着硫化钠浓度的升高，更多的硫化物在菱锌矿表面生成，促使更多的黄药吸附在菱锌矿表面，使得矿物表面负电荷进一步增加。同时，相较于未经过铵盐活化的菱锌矿，经铵盐活化处理后的菱锌矿，其表面 Zeta 电位的下降幅度更加明显。这一对比结果表明，在相同的硫化钠浓度变化区间内，有更多的黄药能够吸附在铵盐活化后的菱锌矿表面，侧面反映出铵盐活化能够有效提升菱锌矿表面活性位点数量或活性，进而增强其对黄药的吸附能力。然而，当硫化钠浓度从 7.5×10^{-4} mol/L 进一步增加至 2.5×10^{-3} mol/L 时，菱锌矿表面 Zeta 电位有所上升。这一现象表明，在高浓度硫化钠条件下，黄药在菱锌矿表面的吸附过程受到了抑制，可能是由于过高浓度的硫化钠与黄药在菱锌矿表面产生了竞争吸附，阻碍了黄药与矿物表面活性位点的进一步接触。进一步对比分析铵盐活化与未活化菱锌矿在高硫化钠浓度区间内 Zeta 电位的变化可知，铵盐活化的菱锌矿的 Zeta 电位仅从−65.89 mV 上升至−62.42 mV，而未活化的菱锌矿的 Zeta 电位则从−62.78 mV 上升至−54.23 mV。这一结果表明，在菱锌矿表面预先进行铵盐初步活化处理后，高硫化钠浓度对黄药在硫化菱锌矿表面吸附所带来的不利影响得到了减弱。因此，菱锌矿表面经铵盐活化处理后，能够促进黄药在矿物表面的吸附，进而提高矿物的疏水性。

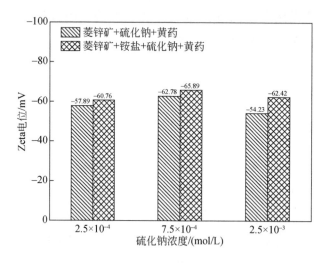

图 5.1　捕收剂作用后铵盐−硫化钠体系与直接硫化体系菱锌矿表面 Zeta 电位与硫化钠浓度的关系

5.2　铜离子活化体系

5.2.1　铜离子对氧化锌矿物表面黄药吸附量的影响

经硫化处理后，菱锌矿表面的溶解程度得以显著降低，稳定性大幅提高。因此，可通过测定矿浆溶液中黄药浓度的变化，表征黄药在菱锌矿表面的吸附量。为查明菱锌矿在不同硫化条件下矿物表面黄药吸附量的变化规律，本研究分别对菱锌矿在直接硫化体系和铜离子−硫化钠硫化体系中矿物表面黄药的吸附量与捕收剂初始浓度的关系进行了考察。如图 5.2 所示，无论是在硫化钠硫化体系还是铜离子强化硫化体系，菱锌矿表面黄药的吸附量均呈现出随捕收剂初始浓度递增而上升的趋势，说明矿浆溶液中捕收剂浓度的增加有利于黄原酸盐在菱锌矿表面吸附，进而促进菱锌矿的浮选回收。进一步对比分析发现，相较于单纯的直接硫化体系，菱锌矿在铜离子强化硫化体系硫化处理后，矿物表面黄药的吸附量更高，表明铜离子的引入使得菱锌矿经强化硫化后，矿物表面能够吸附更多的黄药，进而增强矿物表面的疏水性。

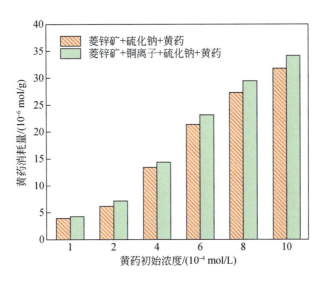

图 5.2　铜离子-硫化钠体系与直接硫化体系菱锌矿表面捕收剂吸附量与捕收剂初始浓度的关系

5.2.2　铜离子活化体系黄药在氧化锌矿物表面的吸附特性

为考察菱锌矿在不同硫化条件下捕收剂在矿物表面的吸附特性，本研究对比分析了捕收剂存在时菱锌矿分别在直接硫化体系和铜离子-硫化钠硫化体系下动电位的变化规律。如图 5.3 所示，菱锌矿在捕收剂存在时的不同硫化条件下，矿物表面 Zeta 电位随矿浆溶液 pH 的升高均呈现出持续下降的趋势。与直接硫化相比，当菱锌矿表面经铜离子强化硫化后，向矿浆溶液中添加黄药会致使矿物表面 Zeta 电位向更负的方向偏移，说明黄药在铜离子强化硫化后的矿物表面吸附程度更为显著，即菱锌矿经铜离子强化硫化后，更有利于捕收剂在矿物表面的吸附。

结合矿物表面硫化产物分析结果可知，菱锌矿在单一的硫化钠体系中进行硫化处理后，矿物表面生成的硫化产物不仅含量较低，而且反应活性相对较弱。而经铜离子强化硫化后，矿物表面不仅生成了反应活性更高的硫化铜组分，而且矿物表面硫化产物的含量也更高。如图 5.4 所示，菱锌矿在铜离子活化体系强化硫化后，矿物表面在波数为 1048 cm^{-1} 处出现了新的吸收峰。通过与戊基黄药的红外光谱进行对比分析可知，新出现的吸收峰应当源自戊基黄药中的 C—S 伸缩振动峰。此外，戊基黄药与铜离子强化硫化的菱锌矿表面发生作用后，药剂的C—S伸缩振动峰由1075 cm⁻¹偏移至1048 cm⁻¹，表明黄药在铜离子强化硫化后的矿物表面发生了明显的吸附。

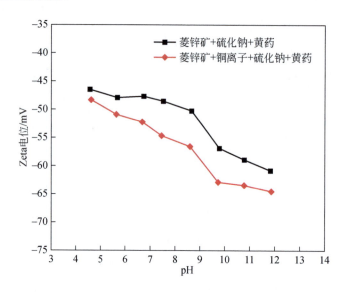

图5.3　捕收剂作用后铜离子–硫化钠体系与直接硫化体系菱锌矿表面 Zeta 电位与 pH 的关系

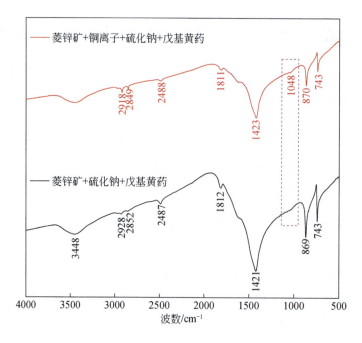

图5.4　铜离子–硫化钠体系与直接硫化体系黄药在菱锌矿表面吸附后的红外光谱图

5.2.3　铜离子活化体系氧化锌矿物表面润湿性变化规律

接触角是衡量浮选药剂对矿物表面润湿性的关键指标，与矿物的可浮性之间存在着紧密的正相关关系。通常来说，矿物表面的接触角越大，意味着矿物的疏水性越强，相应地，其可浮性也就越好；反之，接触角越小，则表明矿物表面亲水性越强，可浮性越差。如图 5.5 所示，经黄药单独处理的菱锌矿表面，其接触角为 48.24°，而采用硫化钠+黄药处理的菱锌矿表面，接触角提高至 54.74°，这表明，在添加捕收剂之前对菱锌矿表面进行硫化处理，能够对菱锌矿的表面疏水性起到积极的改善作用。图 5.5（c）显示，在对菱锌矿表面进行硫化之前，预先使用铜离子对其进行活化处理，此时菱锌矿表面的接触角进一步增大至 64.01°，这表明铜离子的引入有利于增强菱锌矿的表面疏水性，提高其可浮性。

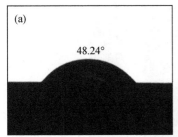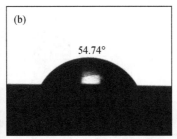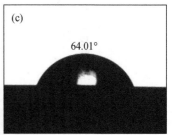

图 5.5　黄药作用后铜离子–硫化钠体系与其他体系菱锌矿表面接触角

（a）经黄药处理后；（b）经硫化钠和黄药处理后；（c）经铜离子、硫化钠和黄药处理后

5.3　铅离子活化体系

5.3.1　铅离子对氧化锌矿物表面黄药吸附量的影响

1. 铅离子–硫化钠体系

铅组分在菱锌矿表面吸附后，不仅会改变菱锌矿表面的化学组成，还会对黄药在矿物表面的吸附行为产生影响。因此，本研究对铅离子作用前后溶液中黄药的残余量进行测定，以考察铅离子对黄药在菱锌矿表面的吸附特性的影响。在试验过程中，固定硫化钠用量为 6×10^{-4} mol/L，铅离子浓度为 2.5×10^{-4} mol/L，铅离子–硫化钠体系与直接硫化体系菱锌矿表面黄药吸附量与捕收剂初始浓度的关系

如图 5.6 所示。从图中可以看出，对比菱锌矿–硫化钠–黄药体系，在向溶液中加入相同浓度的黄药时，菱锌矿–铅离子–硫化钠–黄药体系中黄药的消耗量有所增加，表明铅离子的添加促进了黄药在菱锌矿表面的吸附。结合矿物表面铅离子吸附特性和表面硫化产物演变规律可知，铅离子能够吸附在菱锌矿表面，并且可增强矿物表面的硫化反应活性，进而为硫组分在菱锌矿表面的吸附创造了更为有利的条件，使得黄药在菱锌矿表面的吸附行为得到改善。

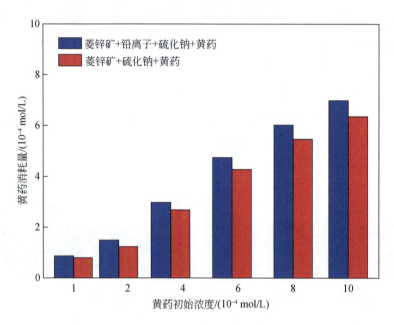

图 5.6　铅离子–硫化钠体系与直接硫化体系菱锌矿表面黄药吸附量与捕收剂初始浓度的关系

2. 硫化钠–铅离子体系

基于 Zeta 电位结果可知，铅离子在硫化的菱锌矿表面作用后，对黄药在矿物表面的吸附具有促进作用。为进一步验证这一结果的可靠性，本研究通过表面吸附量测定方法，对该体系中黄药在菱锌矿表面的吸附行为进行了考察。图 5.7 显示了在硫化钠浓度为 $6×10^{-4}$ mol/L，铅离子浓度为 $2.5×10^{-4}$ mol/L 时，硫化钠–铅离子体系与直接硫化体系菱锌矿表面黄药吸附量与捕收剂初始浓度的关系。从图中可以看出，随着黄药浓度的逐步增加，矿浆体系中黄药的消耗量也随之相应增加。在同等黄药浓度条件下，与菱锌矿–硫化钠–黄药体系相比，菱锌矿–硫化钠–铅离子–黄药体系中黄药的消耗量有所增多。这一现象可能是由于加入铅离子后，菱锌矿表面的活性位点数量得以增加，从而为黄药在矿物表面的吸附提供了更多的作用位点，进而增强了黄药在菱锌矿表面的吸附效果。除此之外，溶液中残余的铅离子也有可能与黄药发生作用，进而消耗部分黄药，导致整个体系中黄药的消耗出现增加的情况。

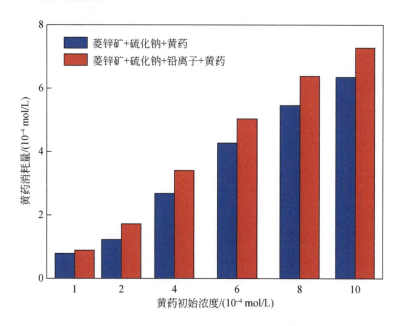

图 5.7　硫化钠-铅离子体系与直接硫化体系菱锌矿表面黄药吸附量与捕收剂初始浓度的关系

5.3.2　铅离子活化体系黄药在氧化锌矿物表面的吸附特性

1. 铅离子-硫化钠体系

通过 Zeta 电位测定考察了铅离子对硫化黄药浮选过程中菱锌矿表面电位的影响，相应结果如图 5.8 所示。由图 5.8 可知，当矿浆中加入捕收剂后，菱锌矿表面的 Zeta 电位出现了明显向负方向移动的现象，表明荷负电的黄原酸根离子吸附在了菱锌矿表面。进一步对比分析发现，在直接硫化时，菱锌矿与捕收剂作用前后，矿物表面的 Zeta 电位差值相对较小；而当菱锌矿预先经过铅离子活化后再进行硫化时，捕收剂作用前后矿物表面的 Zeta 电位差值则明显增大。这一结果说明，铅离子的存在对黄原酸盐在菱锌矿表面的吸附有促进作用，能够使得更多的黄原酸盐吸附在矿物表面，促使矿物表面黄原酸盐的含量得以增加。

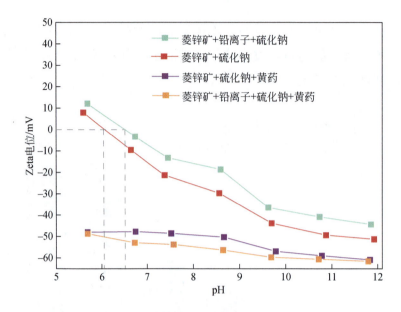

图 5.8　黄药作用前后铅离子-硫化钠体系与其他体系菱锌矿表面 Zeta 电位与 pH 的关系

为进一步明晰铅离子对菱锌矿表面黄药吸附行为的影响,针对不同作用条件下的菱锌矿进行了红外光谱分析。经硫化钠-黄药处理、铅离子-硫化钠-黄药处理后的菱锌矿的红外光谱结果如图 5.9 所示。由图可知,经硫化钠-黄药处理后,菱锌矿的红外光谱中并未发现明显的黄药的特征峰,说明硫化黄药法处理菱锌矿时,黄药在菱锌矿表面的吸附效果较差。然而,当对菱锌矿预先进行铅离子改性

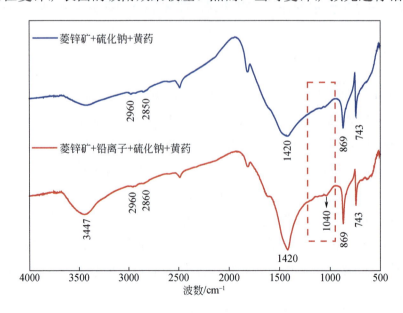

图 5.9　铅离子-硫化钠体系与直接硫化体系黄药在菱锌矿表面吸附后的红外光谱图

处理，而后再经过硫化钠与黄药处理时，菱锌矿的红外光谱中在 1040 cm^{-1} 处出现了黄原酸盐特征峰，说明硫化前铅离子的预活化能够促进黄药在菱锌矿表面的吸附过程。

2. 硫化钠-铅离子体系

由图 5.10 可知，在加入黄药后，相较于加入前，菱锌矿表面的 Zeta 电位出现了降低的情况。与未添加铅离子时相比，铅离子存在时，菱锌矿与黄药反应前后，矿物表面的 Zeta 电位差值明显更大。这一现象说明，硫化后再用铅离子对矿物表面进行活化，能够促进黄原酸盐在菱锌矿表面的吸附过程，进而有助于获得疏水性更强的菱锌矿表面。

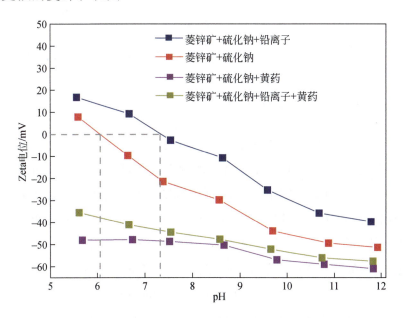

图 5.10 黄药作用前后硫化钠-铅离子体系与其他体系菱锌矿表面 Zeta 电位与 pH 的关系

硫化钠-铅离子体系与直接硫化体系黄药在菱锌矿表面吸附后的红外光谱如图 5.11 所示。从图中可以看出，未添加铅离子时，菱锌矿的红外光谱中并未出现明显的黄药特征峰；而在添加铅离子后，菱锌矿的红外光谱上则出现了明显的黄原酸盐特征峰，即位于 1219 cm^{-1}、1024 cm^{-1} 处的 S—C—S 伸缩振动峰。这一结果表明，经铅离子活化后，硫化菱锌矿的表面能够吸附更多的黄原酸根离子，即硫化后加入铅离子活化菱锌矿时，能够促进黄原酸盐在菱锌矿表面的吸附过程，从而增强菱锌矿表面的疏水性。

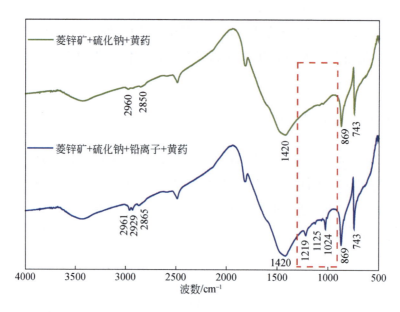

图 5.11 硫化钠-铅离子体系与直接硫化体系黄药在菱锌矿表面吸附后的红外光谱图

3. 铅离子-硫化钠-铅离子体系

为确定铅离子梯级活化对菱锌矿表面黄药吸附行为的影响，本研究针对不同活化条件下的菱锌矿进行了红外光谱对比分析。在试验过程中，将第一阶段的铅离子、硫化钠、第二阶段的铅离子、戊基黄药的浓度分别固定为：4.5×10^{-3} mol/L、1.5×10^{-3} mol/L、3×10^{-3} mol/L、5×10^{-3} mol/L。图 5.12 显示了黄药、菱锌矿、铅离子-硫化钠体系与铅离子-硫化钠-铅离子体系黄药在菱锌矿表面吸附后的红外光谱结果。在戊基黄药光谱中，位于 2958.23 cm^{-1}、2860.96 cm^{-1}、2952.74 cm^{-1} 处的特征峰可归因于戊基黄药中 CH$_3$ 和 CH$_2$ 中 C—H 的伸缩振动；位于 1461.80 cm^{-1}、1135.06 cm^{-1}、1073.38 cm^{-1} 处的特征峰则分别归因于 C—H 的变形振动、C—O—C 的拉伸振动以及 S—C—S 的伸缩振动。在菱锌矿的红外光谱中，位于 1424.60 cm^{-1}、869.51 cm^{-1}、743.55 cm^{-1} 处的峰为菱锌矿晶格中 CO$_3^{2-}$ 的特征峰。经铅离子-硫化钠-黄药处理后的菱锌矿的红外光谱中，在 1039.93 cm^{-1} 处出现了较弱的黄原酸盐特征峰。而在铅离子-硫化钠-铅离子-黄药浮选体系中，菱锌矿红外光谱中的黄原酸盐特征峰变得更加明显，能够观察到位于 1217.69 cm^{-1}、1024.22 cm^{-1} 处的 S—C—S 伸缩振动峰。此外，对比铅离子-硫化钠-黄药体系，可以发现菱锌矿红外光谱中位于 2956.34 cm^{-1}、2929.07 cm^{-1} 处 CH$_2$ 和 CH$_3$ 的 C—H 伸缩振动峰也明显增强。以上红外光谱结果证实，经过铅离子梯级活化处理后，菱锌矿表面存在大量的黄原酸盐，这一变化有效地改善了矿物表面的疏水性，进而提高了矿物的可浮性。

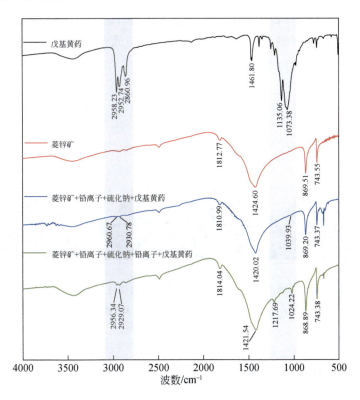

图 5.12　黄药、菱锌矿、铅离子–硫化钠体系与铅离子–硫化钠–铅离子体系黄药在菱锌矿表面吸附后的红外光谱图

5.3.3　铅离子活化体系氧化锌矿物表面润湿性变化规律

1. 铅离子–硫化钠体系

接触角的测定结果能够直观且准确地反映矿物表面疏水性的强弱程度，为进一步明确铅离子对菱锌矿表面黄药吸附行为的影响，本研究通过接触角试验考察了铅离子活化前后菱锌矿表面疏水性的变化情况。试验中所用的硫化钠浓度为 6×10^{-4} mol/L，戊基黄药浓度为 4×10^{-4} mol/L。

如图 5.13 所示，当硫化钠与戊基黄药共同作用后，菱锌矿的接触角为 54.92°，与戊基黄药直接作用于菱锌矿的情况类似，硫化后矿物表面的疏水性依旧较差。

在经过 2.5×10^{-4} mol/L 的铅离子活化后，菱锌矿表面所测得的接触角为 62.06°，与原矿相比，接触角有所升高；当铅离子浓度增加至 7.5×10^{-4} mol/L 并作用后，菱锌矿的接触角进一步提高至 77.56°，与直接硫化相比，接触角提高了 22.64°。由此可见，铅离子能够明显增强菱锌矿表面的疏水性，进一步证明了铅离子的存在对菱锌矿的硫化黄药浮选具有活化作用。

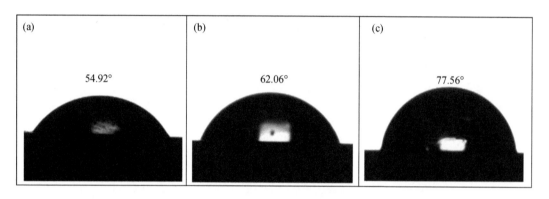

图 5.13　黄药作用后铅离子-硫化钠体系与直接硫化体系菱锌矿表面接触角

（a）经硫化钠和戊基黄药处理后；（b）经 2.5×10^{-4} mol/L 铅离子、硫化钠和戊基黄药处理后；（c）经 7.5×10^{-4} mol/L 铅离子、硫化钠和戊基黄药处理后

2. 硫化钠-铅离子体系

本部分通过测试角测定直观地考察了铅离子对硫化菱锌矿表面疏水性的影响。在试验过程中，硫化钠和黄药用量分别为 6×10^{-4} mol/L、4×10^{-4} mol/L。

由图 5.14 所示的黄药作用后硫化钠-铅离子体系与直接硫化体系菱锌矿表面

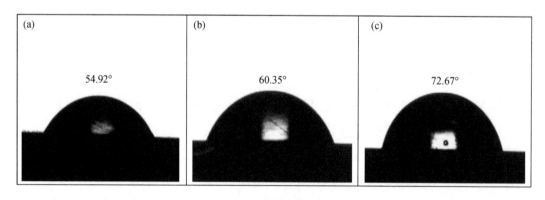

图 5.14　黄药作用后硫化钠-铅离子体系与直接硫化体系菱锌矿表面接触角

（a）经硫化钠和戊基黄药处理后；（b）经硫化钠、2.5×10^{-4} mol/L 铅离子和戊基黄药处理后；（c）经硫化钠、7.5×10^{-4} mol/L 铅离子和戊基黄药处理后

接触角的测定结果可知，在硫化钠与戊基黄药共同处理后，菱锌矿表面的接触角为 54.92°；当低浓度铅离子（2.5×10⁻⁴ mol/L）在硫化的菱锌矿表面发生作用后，矿物表面的接触角变为 60.35°；随着铅离子浓度进一步增加至 7.5×10⁻⁴ mol/L，菱锌矿表面的接触角上升至 72.67°。由此可知，硫化后铅离子的添加对菱锌矿表面疏水性的提高同样具有积极的促进作用。

3. 铅离子-硫化钠-铅离子体系

本研究通过接触角测定探究了铅离子梯级活化前后菱锌矿表面的疏水性变化情况。在试验过程中，将用于第一阶段活化的铅离子、硫化钠以及第二阶段活化的铅离子和戊基黄药的浓度分别固定为：5×10⁻⁴ mol/L，7.5×10⁻⁵ mol/L，5×10⁻⁴ mol/L，10×10⁻⁴ mol/L。如图 5.15 所示，天然菱锌矿 [图 5.15（a）] 的接触角为 38.52°。经黄药处理后，菱锌矿表面接触角 [图 5.15（b）] 增加到 55.04°，表明矿物表面吸附了一定量的捕收剂，疏水性有所改善。在硫化前经铅离子第一阶段活化后，菱锌矿表面接触角增加到 62.58° [图 5.15（c）]，硫化后继续加入铅离子进行第二阶段活化，接触角进一步增加到 86.16° [图 5.15（d）]。该结果说明铅离子梯级活化能够有效增加矿物表面活性位点数，从而促进硫化剂和黄药在菱锌矿表面

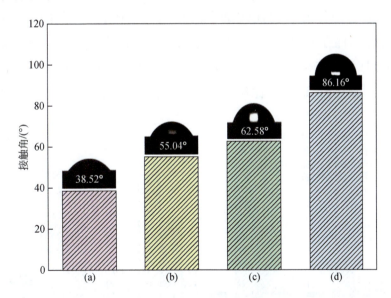

图 5.15　黄药作用前后铅离子-硫化钠体系与其他体系菱锌矿表面接触角

（a）未处理；（b）经黄药处理后；（c）经第一阶段铅离子活化、硫化钠硫化和黄药处理后；（d）经第一阶段铅离子活化、硫化钠硫化、第二阶段铅离子活化和黄药处理后

的吸附,增强矿物表面的疏水性。在第一阶段,铅离子吸附于菱锌矿表面,增加其表面金属位点数量和种类,使得后续硫化钠更容易与之反应,生成更多有利于黄药吸附的活性位点;硫化过程完成后,再次引入铅离子进行第二阶段活化,进一步增加矿物表面的活性硫化产物含量,使得黄药的吸附更加充分,最终大幅提高矿物表面的疏水性。

5.4 铜铅双金属离子活化体系

5.4.1 铜铅双金属离子对氧化锌矿物表面黄药吸附量的影响

1. 铜铅双金属离子-硫化钠体系

如图 5.16 所示,在不同硫化体系中,随着捕收剂初始浓度的逐步递增,菱锌矿表面的捕收剂吸附量呈现出相应的上升趋势。具体而言,当黄药初始浓度从 1×10^{-4} mol/L 增加至 9×10^{-4} mol/L 时,硫化黄药体系中菱锌矿表面的黄药吸附量由 1×10^{-5} mol/g 增加至 6.7×10^{-5} mol/g。在相同黄药浓度条件下,对比发现铜离子-硫化钠体系中菱锌矿表面的捕收剂吸附量略高于硫化黄药体系,其峰值可达 7.0×10^{-5} mol/g。而在铅离子-硫化钠体系中,菱锌矿表面的捕收剂吸附量明显增加,相比于铜离子-硫化钠体系,该体系下菱锌矿表面黄药吸附量的最大值能够达到 2.63×10^{-4} mol/g。这一对比结果表明,铅离子对菱锌矿表面的活化效果要强

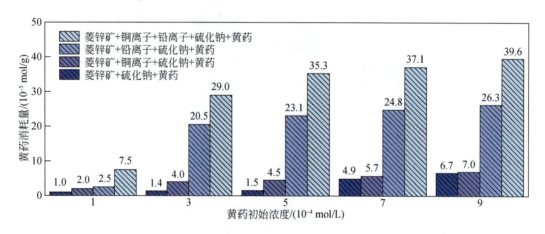

图 5.16　铜铅双金属离子-硫化钠体系与其他硫化体系菱锌矿矿浆中黄药消耗量与捕收剂初始浓度的关系

于铜离子，能够促使更多的捕收剂吸附在矿物表面。进一步观察可知，在铜铅双金属离子-硫化钠体系中，矿物表面的捕收剂吸附量进一步增加，即在铜铅双金属离子-硫化钠体系中菱锌矿表面的捕收剂吸附量最为可观，最高可达 3.96×10^{-4} mol/g。这一现象说明，经铜铅双金属离子活化处理后，矿物表面反应活性更强，相比于单一金属离子活化体系，菱锌矿表面能够吸附更多的捕收剂，从而有效增强矿物表面的疏水性。

2. 硫化钠-铜铅双金属离子体系

由图 5.17 可知，在直接硫化体系中，菱锌矿表面黄药的吸附量仅为 0.12×10^{-4} mol/g，捕收剂在该体系下难以在菱锌矿表面发生有效作用。金属离子的引入能够显著促进黄药在菱锌矿表面的吸附进程，大幅提升吸附量。在硫化钠-铜离子体系中，当铅离子浓度由 2×10^{-4} mol/L 逐步增加至 8×10^{-4} mol/L 时，菱锌矿表面的黄药吸附量随之从 0.18×10^{-4} mol/g 大幅上升至 13.72×10^{-4} mol/g。同样地，在硫化钠-铅离子体系中，相同条件下随着铅离子浓度的增加，黄药在菱锌矿表面的吸附量由 0.47×10^{-4} mol/g 增加至 14.34×10^{-4} mol/g。这是由于随着金属离子初始浓度的逐步升高，菱锌矿表面吸附的金属离子含量相应增多，进而在矿物表面提供了更多的活性位点，使得黄药能够更为高效地附着于矿物表面。值得注意的是，在相同药剂条件下，硫化钠-铜铅双金属离子体系中的菱锌矿表面表

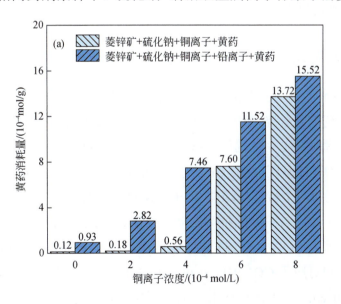

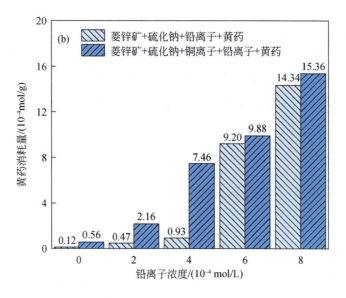

图 5.17　硫化钠-铜铅双金属离子体系与其他硫化体系菱锌矿矿浆中黄药消耗量与捕
收剂初始浓度的关系

(a) 铜离子浓度变量；(b) 铅离子浓度变量

现吸附了更多的黄药，吸附的黄药数量达到最大值，为 $15.52×10^{-4}$ mol/g，进一步证明了铜铅双金属离子活化对菱锌矿浮选的积极促进作用。

5.4.2　铜铅双金属离子活化体系黄药在氧化锌矿物表面的吸附特性

1. 铜铅双金属离子-硫化钠体系

图 5.18 显示了黄药和铜铅双金属离子-硫化钠体系菱锌矿表面红外光谱的分析结果。在黄药的红外光谱中，位于 $2800\sim3000$ cm^{-1} 范围内的三个特征峰归因于 CH$_3$ 和 CH$_2$ 基团中 C—H 的伸缩振动；位于 3429 cm^{-1} 和 1631 cm^{-1} 处的两个特征峰则归属于 O—H 基团；1462 cm^{-1} 处的特征峰源自 C—H 的变形振动；1249 cm^{-1} 和 1072 cm^{-1} 处的两个特征峰均与 S—C—S 的伸缩振动相关，而 1137 cm^{-1} 处的特征峰则归因于 C—O—C 的拉伸振动。在菱锌矿红外光谱中，位于 1421 cm^{-1} 处的特征峰归因于 CO$_3^{2-}$ 中 C—O 的伸缩振动，而位于 867 cm^{-1} 和 740 cm^{-1} 处的两个特征峰分别对应于 CO$_3^{2-}$ 的面外和面内弯曲振动。此外，在 $2800\sim3000$ cm^{-1} 和 $1000\sim1200$ cm^{-1} 附近区域均未检测到明显的特征峰。经不同药剂处理后，菱锌矿光谱在 2850 cm^{-1}、2925 cm^{-1} 和 2956 cm^{-1} 处均出现与烃基相关的特征峰；

在 1048 cm^{-1} 和 1219 cm^{-1} 处出现了有关 S—C—S 的特征峰；在 1074 cm^{-1} 处出现了 C—O—C 的特征峰。值得注意的是，在硫化黄药体系中，菱锌矿光谱中源自黄药的特征峰并不明显。然而，在经过铜铅双金属离子活化后，菱锌矿红外光谱中来自黄药的特征峰强度均有所增加。尤为突出的是，在铜铅双金属离子活化体系中，黄药的特征峰强度最为明显，说明在该体系中，黄药在菱锌矿表面能够实现更为高效、稳固的吸附，即铜铅双金属离子活化能够有效地促进捕收剂在菱锌矿表面的吸附行为。

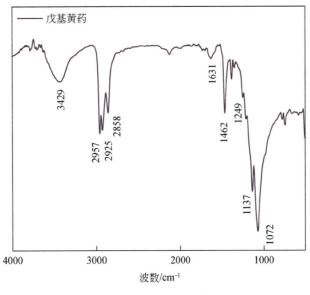

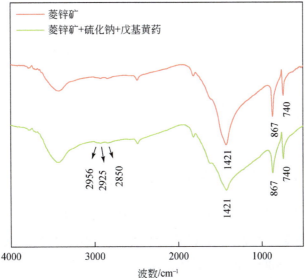

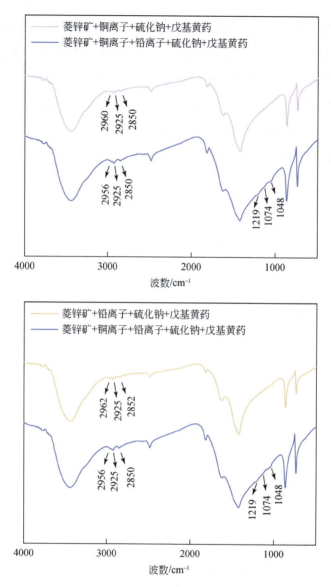

图 5.18　黄药、菱锌矿、铜铅双金属离子-硫化钠体系与其他硫化体系黄药在菱
锌矿表面吸附后的红外光谱图

2. 硫化钠-铜铅双金属离子体系

图 5.19 显示了黄药和硫化钠-铜铅双金属离子体系菱锌矿表面的红外光谱结果。在硫化钠-铜离子和硫化钠-铅离子体系中，菱锌矿红外光谱中位于 1300～1000 cm^{-1} 范围和 2800～3000 cm^{-1} 范围内的特征峰均呈现出一定程度的增强趋势，说明经过金属离子活化处理后，黄药在菱锌矿表面的吸附效果得到提升。在硫

化钠-铜铅双金属离子体系中，红外光谱中位于 2958 cm^{-1}、2926 cm^{-1} 和 2854 cm^{-1} 处的三个特征峰以及 1220 cm^{-1}、1071 cm^{-1} 和 1031 cm^{-1} 处的三个特征峰均明显增强，相比于单一金属离子活化体系，其峰强度明显更大。因此，硫化后铜铅双金属离子活化同样能够有效地促进捕收剂在菱锌矿表面的吸附进程，增强黄药与矿物表面的反应能力。

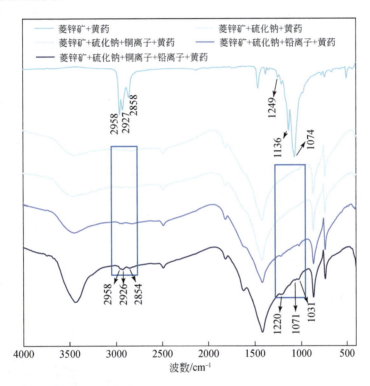

图 5.19 黄药、硫化钠-铜铅双金属离子体系与其他硫化体系黄药在菱锌矿表面吸附后的红外光谱图

5.4.3 铜铅双金属离子活化体系氧化锌矿物表面润湿性变化规律

1. 铜铅双金属离子-硫化钠体系

为探究铜铅双金属离子活化体系对氧化锌矿物表面润湿性的影响机制，本研究开展了系统的接触角测定试验，结果如图 5.20 所示。在试验过程中，铜离子、铅离子、硫化钠和黄药浓度分别为 3×10^{-4} mol/L、3×10^{-4} mol/L、7×10^{-4} mol/L 和 5×10^{-4} mol/L。菱锌矿原矿的接触角测定值为 36.02°，说明未经任何处理的菱锌矿表面具有较强的亲水性，矿物表面与水分子之间存在较强的相互作用，致使其

在浮选过程中难以实现高效回收。当仅采用黄药对菱锌矿进行单独处理时，接触角仅略微上升至 39.12°，证明单纯依靠捕收剂的作用，难以实质性改善菱锌矿表面的疏水性，捕收剂在未经预处理的矿物表面吸附效果欠佳。进一步考察金属离子与黄药协同处理的效果，在依次经过铜离子、铅离子和铜铅双金属离子处理后，菱锌矿的接触角分别达到 41.74°、42.81°和 56.84°，接触角虽有所提升，但提升幅度并不显著。这说明尽管金属离子的引入在一定程度上能够促进捕收剂在矿物表面的吸附过程，然而对于未经硫化处理的菱锌矿而言，金属离子的活化效果受到极大限制。当采用硫化钠对菱锌矿进行处理后，接触角提升至 56.69°，说明硫化的矿物表面有利于捕收剂的作用，从而促进捕收剂的吸附。在经过铜离子-硫化钠、铅离子-硫化钠和铜铅双金属离子-硫化钠三种体系作用后，菱锌矿接触角分别提升至 65.85°、75.08°和 82.39°，矿物表面疏水性得到明显增强。这一结果说明，金属离子能够显著强化矿物表面的硫化效果，为后续捕收剂的吸附提供了更为丰富的活性位点。此外，铜铅双金属离子体系具有最佳的强化硫化效果，使得捕收剂能够更加稳固地附着于矿物表面，进而大幅提升矿物表面的疏水性，改善浮选效果。综合上述接触角检测结果可以发现，不同活化体系对菱锌矿表面的活化效果存在显著差异，其强弱顺序依次为：铜铅双金属离子活化体系＞铅离子活化体系＞铜离子活化体系。

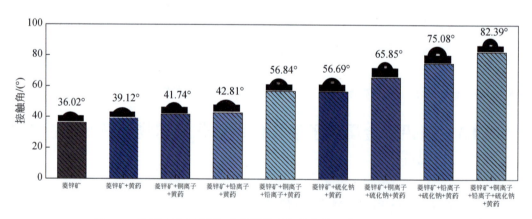

图5.20　铜铅双金属离子-硫化钠体系与其他体系菱锌矿表面接触角

2. 硫化钠-铜铅双金属离子体系

同样基于接触角检测技术，考察了硫化钠-铜铅双金属离子体系对菱锌矿表面润湿性的调控效应，相应结果如图 5.21 所示。初始状态下，菱锌矿的接触角测定值为 34.43°。当采用硫化钠对其进行处理后，接触角提升至 52.70°，尽管有所增加，但提升效果并不明显。进一步考察在引入金属离子后的变化情况，在硫化钠-铜离子体系和硫化钠-铅离子体系中，菱锌矿的接触角分别提升至 71.74°和79.54°。这说明金属离子可作为活化剂在矿物表面吸附并提供活性位点，促进硫化钠在菱锌矿表面的吸附过程，使得硫化反应更加充分、高效，进而导致捕收剂在矿物表面的吸附量增加并增强矿物表面疏水性。此外，在硫化钠-铜铅双金属离子体系作用后，菱锌矿表面接触角进一步增加至 90.45°。这充分说明，在铜铅双金属离子活化后，菱锌矿表面反应活性得到了明显改善。此时，矿物表面同时存在 Cu 和 Pb 位点，这些位点作为活性中心促使更多的金属硫化产物生成，为捕收剂提供了更多的吸附位点，使得捕收剂能够在矿物表面形成更为致密的吸附层，进而显著增强了菱锌矿表面的疏水性。

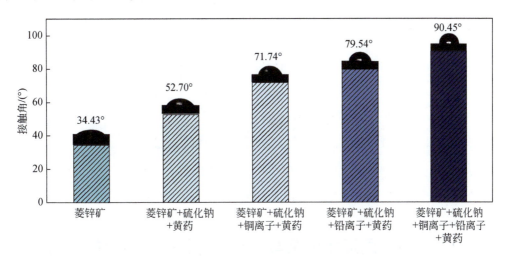

图 5.21　硫化钠-铜铅双金属离子体系与其他体系菱锌矿表面接触角

5.5　铜铵协同活化体系

5.5.1　铜铵协同活化对氧化锌矿物表面黄药吸附量的影响

为查明菱锌矿在铜铵协同活化前后矿物表面黄药吸附量的演变规律，对菱锌矿在直接硫化体系、铜离子强化硫化体系以及铜铵组分强化硫化体系下，矿物表面黄药的吸附量与捕收剂初始浓度之间关系进行了对比研究。

如图 5.22 所示，在铜离子强化硫化体系作用后，菱锌矿表面黄药的吸附量更高，矿物表面吸附了更多的黄原酸盐。进一步对比分析发现，相比于铜离子强化硫化体系，菱锌矿在经铜铵组分强化硫化体系处理后，矿物表面黄药的吸附量进一步增加。这主要归因于菱锌矿经铜铵组分强化硫化后，其矿物表面所生成的硫化产物以及活化产物，不仅含量更为丰富，而且活性显著增强。这些高活性产物更容易与矿浆溶液中添加的黄药组分发生反应，为黄原酸盐在矿物表面的吸附创造了更为有利的条件，进而促使更多的黄原酸盐能够稳定吸附在矿物表面。

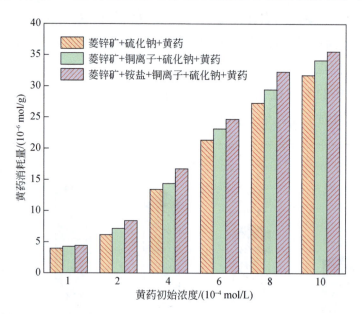

图 5.22　铜铵组分–硫化钠体系与其他硫化体系菱锌矿表面黄药吸附量与捕收剂初始浓度的关系

5.5.2　铜铵协同活化体系黄药在氧化锌矿物表面的吸附特性

为考查铜铵协同活化前后捕收剂在菱锌矿表面的吸附特性，本研究对比分析了捕收剂存在时菱锌矿分别处于硫化钠硫化体系、铜离子强化硫化体系以及铜铵组分协同强化硫化体系下动电位的变化规律，相应结果如图 5.23 所示。

由图 5.23 可知，相比于铜离子强化硫化体系，菱锌矿在铜铵协同活化体系强化硫化后，其矿物表面 Zeta 电位在整个测定的 pH 范围内均呈现出向负电位方向偏移的趋势。这一现象表明，菱锌矿经铜铵组分强化硫化后，矿物表面能够吸附更多荷负电的黄原酸盐。由于此时矿物表面整体带负电，矿浆溶液中的黄原酸盐能够通过化学吸附作用，更为牢固地附着在铜铵协同活化体系强化硫化后的菱锌矿表面，形成稳定的吸附结构。由此可见，黄药在不同硫化体系硫化的菱锌矿表面的吸附程度由强到弱依次为：铜铵组分强化硫化体系、铜离子强化硫化体系、直接硫化体系。

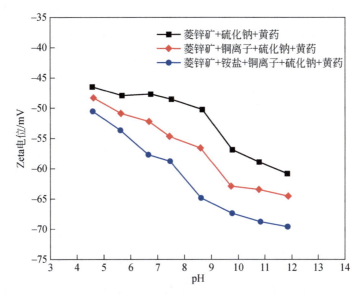

图 5.23　黄药作用后铜铵组分-硫化钠体系与其他硫化体系菱锌矿表面 Zeta 电位与 pH 的关系

为进一步证实上述结论，本研究借助红外光谱技术进行了深入探究，相应结果如图 5.24 所示。由图 5.24 可知，相比于铜离子强化硫化体系，菱锌矿经铜铵

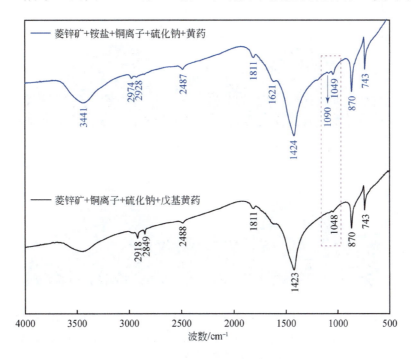

图 5.24　铜铵组分-硫化钠体系与铜离子-硫化钠体系黄药在菱锌矿表面吸附后的红外光谱图

组分强化硫化后，矿物表面在波数为 1049 cm^{-1} 处出现的 C—S 伸缩振动峰强度明显增大，表明黄药在菱锌矿表面的作用更为强烈。同时，矿物表面在波数为 1090 cm^{-1} 处还出现了新的吸收峰，该峰可能归属于黄药中的 C—O—C 伸缩振动峰，且在黄药吸附后，其特征波数由 1135 cm^{-1} 偏移至 1090 cm^{-1}。这一现象进一步证实，菱锌矿在铜铵协同活化体系强化硫化后，黄药与矿物表面发生了强烈的吸附作用，使得矿物表面黄药组分的吸附量得到极大提升。

5.5.3   铜铵协同活化体系氧化锌矿物表面润湿性变化规律

本研究通过测定不同条件下菱锌矿表面的接触角，探究了铜铵协同活化体系对矿物表面润湿性的影响，相应结果如图 5.25 所示。由图中结果可知，经黄药单独处理的菱锌矿表面，其接触角为 48.24°，使用硫化钠处理后，接触角提升至 54.74°，这表明在添加捕收剂之前对菱锌矿表面进行硫化处理，能够改善矿物表面的疏水性。进一步观察图 5.25（c）可知，在对菱锌矿表面进行硫化之前，预先使用铜离子对其进行活化处理，此时菱锌矿表面的接触角进一步增大至 64.01°，这表明添加铜离子的引入有利于提升菱锌矿的表面疏水性。当菱锌矿经

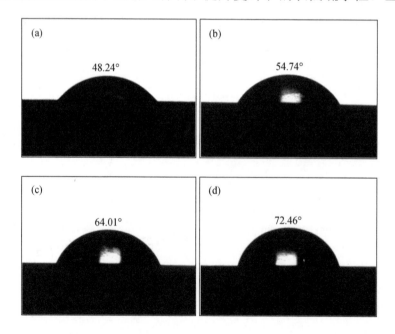

图 5.25   黄药作用后铜铵组分–硫化钠体系与其他硫化体系菱锌矿表面接触角

（a）经黄药处理后；（b）经硫化钠和黄药处理后；（c）经铜离子、硫化钠和黄药处理后；（d）经铵盐、铜离子、硫化钠和黄药处理后

过铜铵协同活化体系处理时 [图 5.25 (d)]，菱锌矿表面的接触角达到 72.46°，高于在单独的铜离子活化体系中的接触角。这一发现意味着，铜铵协同活化体系能够促进黄药在菱锌矿表面的吸附过程，使得矿物表面形成更为稳定的疏水结构，进而增强矿物表面的疏水性。

第6章 氧化锌矿物强化硫化浮选

前期研究表明，铵盐活化、铜离子活化、铅离子活化、铜铅双金属离子活化以及铜铵协同活化均能增加菱锌矿表面的活性位点，有效促进了后续硫离子与捕收剂在矿物表面的吸附，为菱锌矿的浮选回收提供了有利条件。本章基于多元活化体系中菱锌矿的表面特性、活化行为以及疏水性演变规律的深入研究，通过对矿物表面活化产物、硫化产物和疏水产物进行精准调控，最终实现了菱锌矿的高效浮选回收，为氧化锌矿浮选工业实践提供了重要的理论依据和技术支撑。

6.1 铵盐活化体系

本章首先研究了铵盐活化前后菱锌矿的可浮性与硫化钠浓度之间的关系，以明晰菱锌矿表面活化对其可浮性的影响，相应结果如图 6.1 所示。在整个硫化钠浓度的取值区间内，经铵盐活化后的菱锌矿，其浮选回收率始终高于未活化的菱

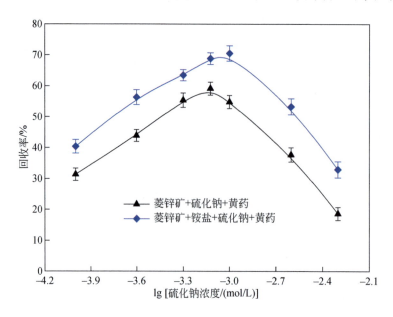

图 6.1 铵盐活化前后菱锌矿浮选回收率与硫化钠浓度的关系

锌矿。这一现象表明，在添加硫化钠之前预先进行铵盐活化处理，对于增强菱锌矿的可浮性具有促进作用。在矿浆溶液中，菱锌矿先进行铵盐活化，随后再添加硫化钠，在此过程中，菱锌矿表面的硫化效果与可浮性之间存在着直接的关联性。基于此，浮选回收率的提升可归因于在铵盐存在的条件下，菱锌矿表面硫化过程得到了强化。与先前的研究成果一致，铵盐活化前后的菱锌矿，其可浮性均随着硫化钠浓度的增加呈现出先上升后下降的变化趋势。然而，值得注意的是，铵盐活化前的菱锌矿，其最高浮选回收率出现在硫化钠浓度为 7.5×10^{-4} mol/L 时，而经铵盐活化后的菱锌矿，其最高浮选回收率则在硫化钠浓度达到 1×10^{-3} mol/L 时得到。硫化钠被广泛应用于铜、铅以及锌氧化矿物的浮选流程中被广泛应用，但其用量必须严格控制。较低的硫化钠量无法为氧化矿物表面提供充足的硫离子，进而难以形成有效的硫化膜；而过量的硫化钠则会对捕收剂在矿物表面的吸附过程产生抑制作用[1-5]。因此，菱锌矿表面经铵盐活化后，能够增强硫离子在矿物表面的吸附效能，强化硫化效果，进而提升浮选回收率。

在高硫化钠浓度的条件下，经铵盐活化的菱锌矿，其可浮性优于未活化的菱锌矿。例如，当硫化钠浓度为 2.5×10^{-3} mol/L 时，经铵盐活化菱锌矿的浮选回收率与在 1×10^{-3} mol/L 时未活化菱锌矿的浮选回收率相近。这一发现意味着，菱锌矿表面经铵盐活化处理后，能够削弱过量硫化钠对矿物浮选过程所产生的抑制作用，使得矿物在高硫化钠浓度环境下仍能维持较高的可浮性。在低硫化钠浓度的条件下，存在铵盐时菱锌矿的可浮性同样优于无铵盐时菱锌矿的可浮性。当硫化钠浓度为 2.5×10^{-4} mol/L 时，经铵盐活化菱锌矿的浮选回收率几乎接近于在 7.5×10^{-4} mol/L 时未活化菱锌矿的最大浮选回收率；而当硫化钠浓度增加至 5×10^{-4} mol/L 时，经铵盐活化的菱锌矿的浮选回收率甚至高于在 7.5×10^{-4} mol/L 时的未活化菱锌矿。由此可见，铵盐的初步表面活化能够在较宽的硫化钠浓度范围内提高菱锌矿的可浮性。相应地，在铵盐存在的情况下，适宜的硫化钠浓度范围相较于无铵盐时更宽。因此，铵盐表面活化是推动菱锌矿硫化黄药浮选工艺优化的一种有效方法。

硫化前对菱锌矿表面进行铵盐活化处理后，在相同的浮选条件下，菱锌矿的可浮性得到改善。这一现象可归因于浮选药剂在活化后的菱锌矿表面的吸附得到了增强。结合相应的测试结果可知，铵盐活化能够增强硫化菱锌矿表面的负电性，在该活化体系中，大量带负电荷的硫离子能够更为高效地吸附在矿物表面，与此同时，矿浆溶液中硫离子在铵盐活化菱锌矿表面的吸附量以及吸附效率均得到提升。基于 XPS 分析结果，在铵盐活化菱锌矿表面能够形成大量的硫化锌组分，并且在硫化之前运用铵盐对菱锌矿进行活化处理时，矿物表面本征元素的能谱峰向低结合能方向移动。因此，菱锌矿表面用铵盐活化处理后，有利于在矿物表面形成硫化产物。在硫化之前，矿浆溶液中存在的铵组分促进了黄药在硫化菱锌矿表面的吸附过程，从而增加了矿物的疏水性。

基于浮选结果、溶液成分分析以及矿物表面表征结果，可归纳总结出如下铵盐活化机制。在使用黄药作为捕收剂进行直接浮选时，菱锌矿的可浮性往往较差，这主要是由于碳酸盐矿物表面具有较强的水化能力以及较高的溶解性，使得浮选药剂难以有效附着。表面活化技术可用于针对性地改变菱锌矿的表面性质，进而促进浮选药剂与矿物表面活性位点之间的相互作用。锌位点是菱锌矿表面与矿浆溶液中硫离子相互作用，进而产生硫化锌组分的活性位点。通常情况下，菱锌矿在 pH 约为 10 的条件下进行浮选回收。如图 6.2 所示，在 pH 约为 10.2 时，$Zn(OH)_2$ 和 $Zn(OH)_3^-$ 是矿浆溶液中的主要锌组分；因此，$Zn(OH)_2$ 和 $Zn(OH)_3^-$ 可能吸附在矿物表面，进而形成亲水膜，这将不可避免地降低菱锌矿的可浮性。铵盐对锌表现出强亲和力，二者相互作用能够形成稳定的锌氨络合物。在本研究中，铵盐的使用浓度为 2.5×10^{-3} mol/L。在此浓度条件下，$Zn(NH_3)^{2+}$、$Zn(NH_3)_2^{2+}$ 和 $Zn(NH_3)_3^{2+}$ 在矿浆溶液中占据主导地位，并且会与亲水矿物表面上的 $Zn(OH)_2$ 和 $Zn(OH)_3^-$ 组分发生相互作用。图 6.2 展示了溶液中铵组分与覆盖有亲水 $Zn(OH)_2$ 和 $Zn(OH)_3^-$

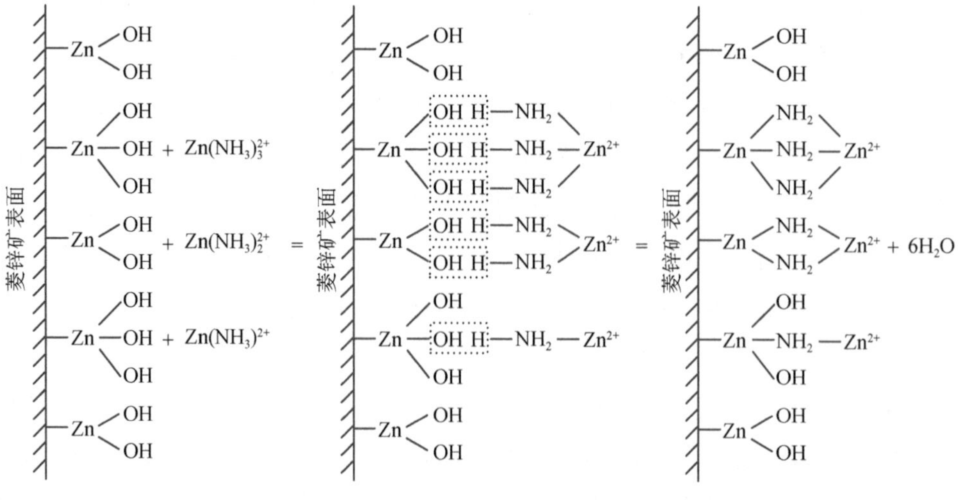

图 6.2　溶液中锌氨络合物与菱锌矿表面的亲水组分相互作用机制

组分的菱锌矿表面相互作用的潜在机制。具体而言，包括 $Zn(NH_3)^{2+}$、$Zn(NH_3)_2^{2+}$ 和 $Zn(NH_3)_3^{2+}$ 在内的锌氨络合物可能与覆盖在菱锌矿表面的亲水 $Zn(OH)_2$ 和 $Zn(OH)_3^-$ 组分发生相互作用。通过这些络合物的相互作用，能够使亲水矿物表面富含更多的锌离子，即铵盐表面活化处理增加了菱锌矿表面的活性位点数量。由于锌位点与硫离子在矿物表面的吸附过程密切相关，铵盐活化菱锌矿表面上锌位点的增加，为促进矿物表面与矿浆溶液中硫离子的接触创造了更多的机会，使得矿物表面上硫化锌组分的含量得以增加，进而增强了黄药在矿物表面的效果，改善了矿物的可浮性。

6.2　铜离子活化体系

相比于菱锌矿直接采用黄药浮选所获得的结果，经硫化钠对矿物表面进行处理后，其浮选回收率虽有大幅提升，但仍有超过 45%的菱锌矿损失于尾矿中，这说明单纯使用硫化钠对菱锌矿进行硫化处理，难以获得理想的浮选指标。为此，本研究针对性地对菱锌矿进行强化硫化处理。为考查铜离子活化对菱锌矿可浮性的影响，对比研究了铜离子活化体系中菱锌矿浮选回收率随硫化钠浓度、捕收剂浓度以及铜离子浓度的变化规律。

当菱锌矿经铜离子活化处理后，硫化钠浓度对其可浮性的影响结果如图 6.3 所示。从图中可以看出，在黄药浓度为 $8×10^{-4}$ mol/L，且不存在活化剂的条件下，当硫化钠浓度处于 $1×10^{-4}$～$6×10^{-4}$ mol/L 区间时，随着硫化钠浓度的增加，菱锌矿的可浮性呈现出上升趋势；当硫化钠浓度处于 $6×10^{-4}$～$8×10^{-4}$ mol/L 区间时，菱锌矿的可浮性最好；而当硫化钠浓度处于 $8×10^{-4}$～$2×10^{-3}$ mol/L 区间时，随着硫化钠浓度的继续增加，菱锌矿的可浮性呈现出下降趋势。经铜离子活化后的菱锌矿，其矿物的可浮性在整个硫化钠浓度取值范围内均有提升，当硫化钠浓度为 $8×10^{-4}$ mol/L 时，菱锌矿的浮选回收率达到峰值。与未经铜离子活化时相比，经铜离子活化后的菱锌矿，在高硫化钠浓度的条件下，其可浮性更高。这是由于铜离子在菱锌矿表面吸附后，导致矿物表面的反应位点数量增加，使得矿浆溶液中更多的硫离子能够转移到菱锌矿表面，矿浆溶液中硫离子的残留浓度将得到明显降低，从而使得高浓度硫化钠对活化后的菱锌矿的抑制程度有所减弱，保障了菱锌矿在高浓度硫化钠环境下的可浮性。

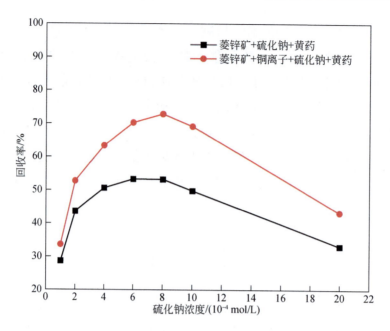

图 6.3 铜离子–硫化钠体系与直接硫化体系菱锌矿浮选回收率与硫化钠浓度的关系

为查明铜离子活化前后菱锌矿浮选回收率随黄药浓度的变化规律，对铜离子–硫化钠体系与直接硫化体系菱锌矿浮选回收率与黄药浓度的关系进行了对比分析，相应结果如图 6.4 所示。在硫化钠和黄药浓度相同的条件下，菱锌矿在铜离

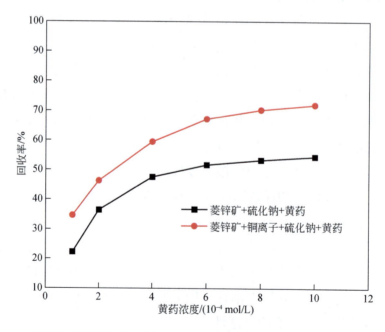

图 6.4 铜离子–硫化钠体系与直接硫化体系菱锌矿浮选回收率与黄药浓度的关系

子活化体系中的浮选回收率始终高于直接硫化体系，表现出优异的活化效果。此外，无论菱锌矿是否经过活化处理，其浮选回收率均随着黄药浓度的逐步增加而呈现出上升趋势，说明矿浆溶液中黄药浓度的增加有利于矿物浮选回收。与未经活化的情况相比，菱锌矿经铜离子活化后的浮选回收率能够提高 10 个百分点以上。

前期研究结果已经证明，铜离子能够吸附在菱锌矿表面，促使矿物表面生成含铜组分。由于铜组分在与硫化钠和黄药发生作用时，其活性要高于锌组分，因此，经铜离子活化后的菱锌矿表面活性位点的数量得以增加，反应活性也得到增强。为揭示铜离子浓度对菱锌矿硫化浮选的影响，本研究对铜离子-硫化钠体系菱锌矿浮选回收率与铜离子浓度的关系进行了探究，相应结果如图 6.5 所示。由图可知，当铜离子浓度处于 $1\times10^{-4}\sim4\times10^{-4}$ mol/L 范围内，菱锌矿浮选回收率随着铜离子浓度的增加而呈现出上升趋势。这是由于在此浓度区间内，铜离子浓度越高，菱锌矿表面生成的铜组分含量也就越高，其与硫化钠的反应程度随之增强，进而形成的硫化铜组分含量也相应增加，最终使得菱锌矿的可浮性得到提升。然而，当铜离子浓度高于 4×10^{-4} mol/L 后，菱锌矿的浮选回收率开始出现下降趋势。这是因为铜离子浓度过高时，除了部分铜离子与菱锌矿表面发生相互作用外，矿浆溶液中仍会残留大量的铜离子。这些残留的铜离子不仅会消耗后续添加的硫化

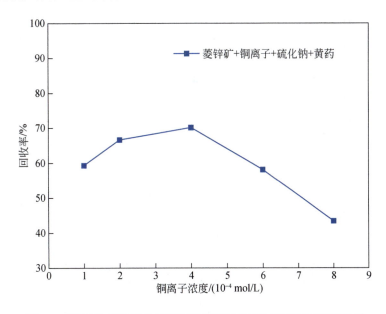

图 6.5　铜离子-硫化钠体系菱锌矿浮选回收率与铜离子浓度的关系

钠, 导致与矿物表面相互作用的有效硫组分浓度下降, 不利于矿物表面的硫化过程; 此外, 残留的铜离子还会消耗矿浆溶液中加入的捕收剂, 使得矿物表面疏水性减弱, 进而导致可浮性下降。因此, 采用铜离子活化菱锌矿时, 必须精准调控矿浆溶液中加入的铜离子浓度, 确保其处于适宜的浓度区间, 否则无论是铜离子浓度过低还是过高, 都将对矿物浮选回收产生不利影响。

6.3　铅离子活化体系

1. 铅离子-硫化钠体系

图 6.6 显示了铅离子-硫化钠体系菱锌矿浮选回收率与铅离子浓度的关系。在整个浮选试验过程中, 铅离子浓度作为变量进行调控, 所用硫化钠浓度为 $6×10^{-4}$ mol/L, 黄药浓度为 $4×10^{-4}$ mol/L。由图可知, 当铅离子浓度为 0 时, 菱锌矿的浮选回收率很低; 随着铅离子浓度从 $1×10^{-4}$ mol/L 增加至 $5×10^{-4}$ mol/L 时, 菱锌矿的浮选回收率随之呈现出上升趋势; 然而, 当铅离子浓度从 $5×10^{-4}$ mol/L 继续增加至 $1×10^{-3}$ mol/L 时, 菱锌矿的浮选回收率转而呈现出下降趋势; 即在铅离子浓度为 $5×10^{-4}$ mol/L 时, 菱锌矿的浮选回收效果达到最佳, 其回收率可达到 76.43%。这

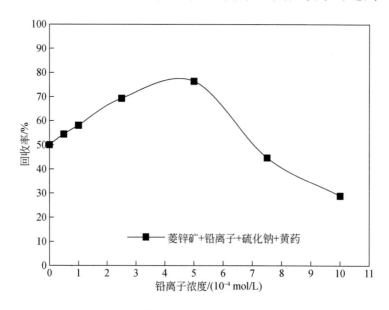

图 6.6　铅离子-硫化钠体系菱锌矿浮选回收率与铅离子浓度的关系

一现象说明，适宜浓度的铅离子对于菱锌矿的硫化浮选具有活化作用，能够有效提高浮选回收率；而当矿浆中铅离子浓度过高时，则会对菱锌矿的硫化浮选产生抑制作用，导致浮选环境恶化。结合表面硫化结果可知，当矿浆中铅离子浓度较低时，溶液中的铅组分能够吸附在菱锌矿表面，进而增加矿物表面的活性，为后续硫组分在矿物表面的作用创造有利条件；然而，当矿浆中铅离子浓度较高时，铅组分在矿物表面的吸附将趋于饱和状态，此时溶液中仍剩余大量铅组分，这些过剩的铅组分会优先消耗掉后续加入的硫化钠，并阻碍黄原酸盐在矿物表面的作用，不利于菱锌矿实现高效的疏水上浮。

2. 硫化钠-铅离子体系

图 6.7 显示了硫化钠-铅离子体系中铅离子浓度与菱锌矿浮选回收率之间的关系。该图所示结果同样表明，低浓度铅离子能够活化菱锌矿浮选，提高浮选回收率，而高浓度铅离子则会对菱锌矿的浮选产生抑制作用。在铅离子浓度为 5×10^{-4} mol/L 时，菱锌矿表现出最优的可浮性，菱锌矿浮选回收率可达 82.88%。若继续增加铅离子浓度，矿浆中残余的铅组分会消耗后续加入的黄原酸根离子，使其以黄原酸铅的形式沉淀在溶液中，进而菱锌矿表面的疏水性黄原酸盐组分不足，使得菱锌矿的可浮性受到抑制。由以上浮选结果可知，矿浆中存在适量的铅

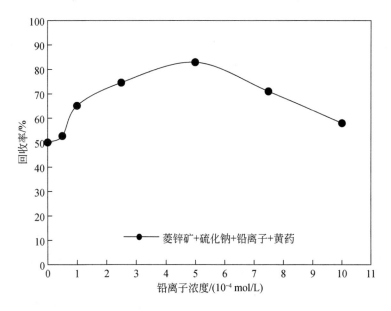

图 6.7 硫化钠-铅离子体系菱锌矿浮选回收率与铅离子浓度的关系

离子对菱锌矿的硫化浮选是有利的，但铅离子过量时则会恶化菱锌矿的浮选环境，严重影响浮选指标，因此在实际应用中需严格控制铅离子的浓度。

3. 铅离子-硫化钠-铅离子体系

通过微浮选试验考察了铅离子梯级活化前后不同浮选药剂浓度对菱锌矿回收率的影响。铅离子-硫化钠-铅离子体系菱锌矿浮选回收率与不同阶段铅离子、硫化钠、黄药浓度的关系如图 6.8 所示。在图 6.8（a）中，对比第一阶段铅离子浓度为零时，当用 0.75×10^{-4} mol/L 的铅离子在硫化前对菱锌矿进行第一阶段活化时，回收率可由 78.98%增加到 85.00%。然而，随着第一阶段铅离子浓度的进一步增加，菱锌矿的回收率迅速下降。这一现象表明，在使用铅离子进行第一阶段

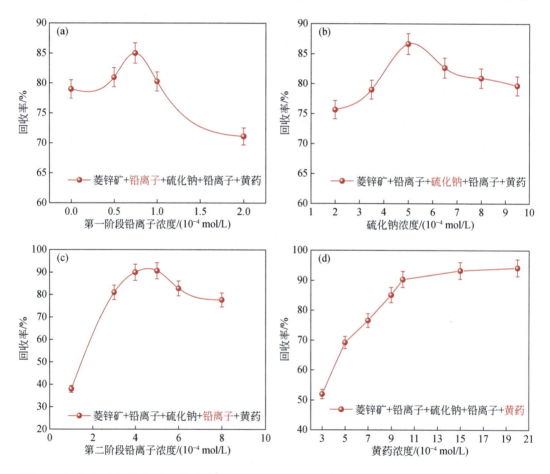

图 6.8 铅离子-硫化钠-铅离子体系菱锌矿浮选回收率与不同阶段铅离子、硫化钠、黄药浓度的关系

(a) 第一阶段铅离子浓度；(b) 硫化钠浓度；(c) 第二阶段铅离子浓度；(d) 黄药浓度

活化时，若浓度过高，则会抑制菱锌矿的浮选。适量浓度的铅离子能够吸附在菱锌矿表面，增加矿物表面的活性位点，从而为后续硫化物的吸附创造有利条件，有助于提高浮选回收率；而过高浓度的铅离子则会对浮选产生负面影响。铅离子梯级活化体系中硫化钠浓度对菱锌矿的可浮性同样有着较大影响，如图 6.8（b）所示。菱锌矿回收率随硫化钠浓度的增加呈现出先增大后减小的趋势。当硫化钠用量不足时，菱锌矿表面硫化程度较差，其可浮性无法得到明显改善；当硫化钠浓度达到 $5×10^{-4}$ mol/L 时，菱锌矿回收率达到最大值（86.62%）。但当硫化钠浓度过高时，菱锌矿的回收率逐渐降低，这是因为过量的硫化钠会降低矿物与溶液之间的界面电位，并与黄药在矿物表面发生竞争吸附，进而阻碍黄药在菱锌矿表面的吸附，最终影响浮选效果。

在硫化后，使用铅离子对菱锌矿进行第二阶段活化［图 6.8（c）］，铅离子浓度从 $1×10^{-4}$ mol/L 增加到 $5×10^{-4}$ mol/L 的区间内，菱锌矿的浮选回收率呈现持续增加的趋势。在铅离子浓度为 $5×10^{-4}$ mol/L 时，菱锌矿回收率达到最高值（90.65%）。随着铅离子浓度的继续增加，菱锌矿的浮选回收率逐渐降低。该结果与图 6.8（a）情况相似，即在第二阶段活化时，适当的铅离子浓度能够有效促进菱锌矿的硫化浮选，若浓度过高则会抑制菱锌矿的硫化浮选。这是由于经过适当浓度的铅离子活化后，铅组分能够从矿浆中转移至硫化后的菱锌矿表面，从而进一步增加矿物表面的高活性含铅组分，从而促进捕收剂的吸附，改善浮选效果；但当铅离子浓度过高时，矿浆中多余的铅离子会优先消耗黄药，导致菱锌矿表面捕收剂不足，恶化菱锌矿的浮选环境，使得浮选回收率下降。由图 6.8（d）可知，随着黄药浓度从 $5×10^{-4}$ mol/L 增加到 $10×10^{-4}$ mol/L，菱锌矿浮选回收率迅速增加。当黄药浓度为 $10×10^{-4}$ mol/L 时，菱锌矿回收率为 90.26%。但当黄药浓度超过 $10×10^{-4}$ mol/L 时，菱锌矿浮选回收率增长缓慢，并逐渐趋于稳定。因此，微浮选试验结果表明，铅离子梯级活化能够有效改善菱锌矿的浮选行为，通过合理调控各阶段浮选药剂的浓度，尤其是铅离子浓度，可获得更为理想的浮选指标。

6.4　铜铅双金属离子活化体系

1. 铜铅双金属离子-硫化钠体系

对于铜铅双金属离子-硫化钠体系，图 6.9（a）显示了铜铅双金属离子-硫化钠体系菱锌矿浮选回收率与硫化钠、黄药、铜离子、铅离子浓度的关系。其中，铜离子和铅离子浓度均为 $3×10^{-4}$ mol/L，黄药浓度为 $5×10^{-4}$ mol/L。随着硫化钠浓度的逐步增加，菱锌矿浮选回收率呈现出先增后减的变化趋势。在直接硫化体系中，硫化钠的最佳浓度为 $7×10^{-4}$ mol/L，在此条件下，直接硫化体系中的菱锌矿浮选回收率可达 27.02%。经铜离子和铅离子活化处理后，菱锌矿浮选回收率分别增加至 79.84% 和 82.56%。经铜铅双金属离子活化处理后，菱锌矿浮选回收率进一步提高，当硫化钠浓度为 $9×10^{-4}$ mol/L 时，其回收率可达 94.97%。这一现象的产生是由于铜铅双金属离子共同作用在矿物表面，能够为矿物表面提供更多的活性位点，促使矿物表面的硫化过程更加充分，进而增加后续捕收剂在矿物表面的吸附量，从而实现菱锌矿浮选回收率的有效提高。

图 6.9（b）显示了铜铅双金属离子活化前后菱锌矿浮选回收率随黄药浓度变化的趋势，在试验过程中，金属离子和硫化钠浓度分别为 $3×10^{-4}$ mol/L 和 $7×10^{-4}$ mol/L。当黄药浓度由 $1×10^{-4}$ mol/L 增加至 $5×10^{-4}$ mol/L 时，菱锌矿浮选回收率明显增加，且在铜铅双金属离子活化体系中达到最高值（92.00%）。铜离子和铅离子对菱锌矿均具备一定程度的活化效果，在单一金属离子活化体系中，铅离子对菱锌矿活化效果略强于铜离子。当黄药浓度超过 $5×10^{-4}$ mol/L 时，不同体系下的菱锌矿浮选回收率均趋于平缓，这表明捕收剂在矿物表面吸附逐渐趋于饱和状态，因此，可确定 $5×10^{-4}$ mol/L 为该体系中的黄药最佳浓度。

在铅离子、硫化钠和黄药的浓度分别为 $3×10^{-4}$ mol/L、$7×10^{-4}$ mol/L 和 $5×10^{-4}$ mol/L 的条件下，铜铅双金属离子活化前后铜离子浓度对菱锌矿浮选回收

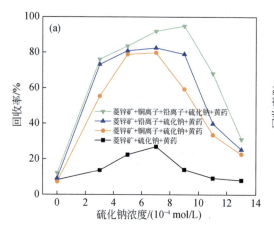
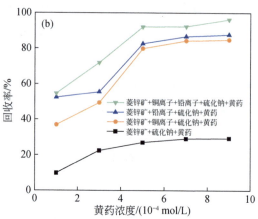

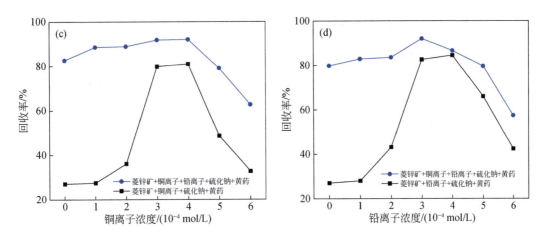

图 6.9 铜铅双金属离子–硫化钠体系菱锌矿浮选回收率与硫化钠、黄药、铜离子、铅离子浓度的关系

（a）硫化钠浓度；（b）黄药浓度；（c）铜离子浓度；（d）铅离子浓度

率的影响如图 6.9（c）所示。在铜离子浓度处于 $0 \sim 4 \times 10^{-4}$ mol/L 的范围内，随着浓度的增加，菱锌矿浮选回收率逐渐提高。这可归因于铜离子能够在矿物表面提供更多的活性位点，进而增强捕收剂在矿物表面的吸附效果，导致菱锌矿浮选回收率的提升。然而，当浓度超过该范围时，菱锌矿回收率逐渐下降，这是由于残余在溶液中的铜离子会与后续浮选药剂优先发生作用，进而导致捕收剂在矿物表面的吸附量降低。此外，菱锌矿在铜铅双金属离子活化体系中的浮选回收率始终高于单一铜离子活化体系。这主要归因于铜铅双金属离子共吸附能够为菱锌矿表面提供含量更多、种类更丰富的活性位点，为后续硫化剂和捕收剂的作用创造更为有利的条件，从而有效改善菱锌矿的浮选环境。图 6.9（d）显示了铜铅双金属离子活化前后铅离子浓度对菱锌矿浮选回收率的影响。随着铅离子浓度增加，菱锌矿浮选回收率先增加后减少。在单一铅离子活化体系中，当铅离子浓度为 4×10^{-4} mol/L 时，菱锌矿浮选回收率达到最高值（84.50%）。而在铜铅双金属离子活化体系中，铅离子的最优浓度为 3×10^{-4} mol/L，且在此浓度下菱锌矿浮选回收率进一步提高。结合前面的表面分析结果可知，这是由于铜铅双金属离子共同作用在菱锌矿表面，能够为后续硫化剂和捕收剂的作用提供丰富的作用位点，并且相较于单一金属离子活化时，菱锌矿表面活性位点的种类和数量均更为丰富，从而进一步增强了矿物表面的反应活性，优化浮选效果，提高浮选回收率。

2. 硫化钠–铜铅双金属离子体系

图 6.10 显示了硫化钠–铜铅双金属离子体系菱锌矿浮选回收率与硫化钠、黄

药、铜离子、铅离子浓度的关系。图 6.10（a）为不同硫化体系中硫化钠浓度变量对菱锌矿浮选回收率的影响结果。在本次试验中，铅离子、铜离子和黄药的浓度均为 4×10^{-4} mol/L。当硫化钠浓度由 0 逐步增加至 6×10^{-4} mol/L 时，菱锌矿浮选回收率显著增加，说明硫化过程能够有效增强矿物表面的活性，进而促进捕收剂在菱锌矿表面的吸附，提升浮选回收率。当硫化钠浓度继续增加时，菱锌矿浮选回收率呈下降趋势，这是由于过量的硫化钠与后续浮选药剂发生竞争吸附，阻碍了其他药剂在矿物表面的有效作用。经铜离子和铅离子活化后，菱锌矿浮选回收率显著提升，这说明金属离子活化为菱锌矿表面提供了新的活性位点，从而促进了捕收剂的吸附。在硫化钠-铜铅双金属离子体系中，菱锌矿浮选回收率进一步升高，这说明铜铅双金属离子活化为菱锌矿表面提供了更多的活性位点，进一

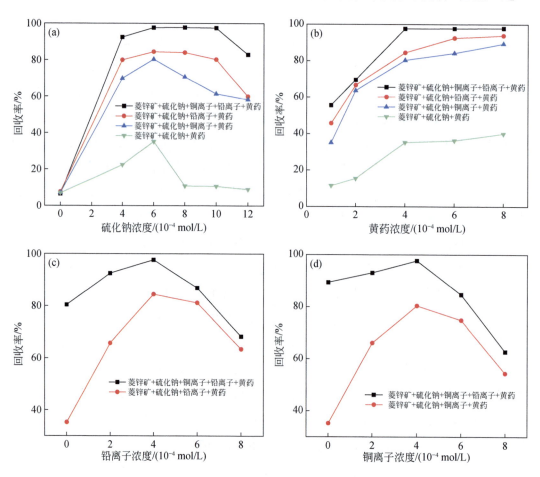

图 6.10　硫化钠-铜铅双金属离子体系菱锌矿浮选回收率与硫化钠、黄药、铜离子、铅离子浓度的关系
（a）硫化钠浓度；（b）黄药浓度；（c）铜离子浓度；（d）铅离子浓度

步提高了捕收剂在矿物表面的吸附量，显著改善了矿物表面的硫化效果，有力地促进了菱锌矿的浮选回收。

黄药浓度变化对硫化后的菱锌矿浮选回收率的影响如图 6.10（b）所示。在铅离子、铜离子和硫化钠的浓度分别为 $4×10^{-4}$ mol/L、$4×10^{-4}$ mol/L 和 $6×10^{-4}$ mol/L 的条件下，随着黄药浓度的增加，菱锌矿浮选回收率呈现出逐渐增加的趋势。在黄药浓度处于 $1×10^{-4}$ mol/L 至 $4×10^{-4}$ mol/L 范围内时，菱锌矿浮选回收率显著增加；而当浓度超过该范围时，菱锌矿浮选回收率逐渐趋于平缓。这可能是由于随着黄药浓度的不断增加，矿物表面的捕收剂吸附量逐渐趋于饱和状态，过量的捕收剂难以继续对浮选产生更为积极的促进作用。与其他硫化体系相比，在铜铅双金属离子活化强化硫化体系下，菱锌矿的浮选回收率最为理想，最高可达到 97.89%。

金属离子类型及用量对硫化后的菱锌矿的浮选回收率的影响分别如图 6.10（c）和 6.10（d）所示。随着金属离子用量的增加，菱锌矿浮选回收率呈现出先增加后降低的趋势。这表明适宜浓度的金属离子能够为矿物表面提供活性位点，促进黄药在矿物表面的吸附，提高浮选回收率；但当金属离子过量时，游离在矿浆中的金属离子则会消耗后续捕收剂，削弱其在矿物表面的有效作用。当铜离子和铅离子浓度为 $4×10^{-4}$ mol/L 时，菱锌矿浮选回收率达到最高值。在硫化钠-铜离子体系中，菱锌矿浮选回收率最高可达 80.42%；在硫化钠-铅离子体系中，其浮选回收率提高至 84.52%，这说明铅离子在矿物表面能够产生更加稳定的金属活性位点，其活化效果强于铜离子的活化效果。在硫化钠-铜铅双金属离子体系中，菱锌矿浮选回收率进一步提升，最高可达 97.69%。试验结果充分证明，铜铅双金属离子活化能够显著提高硫化后的菱锌矿表面活性，相比于单一金属离子活化体系，该体系中矿物表面生成了更多的活性位点，更有利于菱锌矿的浮选回收。

6.5 铜铵协同活化体系

当菱锌矿分别经铜离子活化和铜铵协同活化处理后，硫化钠浓度对其可浮性的影响结果如图 6.11 所示。经铜铵组分协同活化后的菱锌矿，其可浮性在整个硫化钠取值范围内均得到大幅提升。当硫化钠浓度为 $8×10^{-4}$ mol/L 时，浮选回收率达到最高值，为 85.3%，相较于菱锌矿未活化时的回收率提高了 32.0%，较铜离子活化时的回收率提升了 12.5%。这一显著提升是由于铜铵组分协同活化菱锌矿后，矿物表面的反应位点数量显著增多且活性更强，使得其与硫化钠的相互作用更为高效，进而促使矿物表面形成更多且更稳定的硫化产物，从而促进了矿物的浮选回收效果。同时，由于矿浆溶液中更多的硫离子转移至菱锌矿表面生成硫化物，矿浆中残留的硫离子含量相应降低，这有效减弱了残留硫离子与后续添加的黄原酸盐之间的竞争吸附作用，对菱锌矿的浮选产生了积极的促进作用。

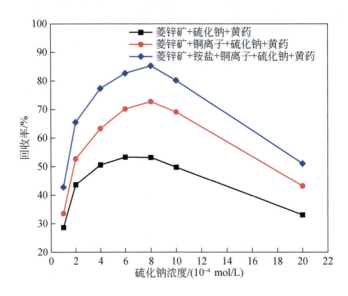

图 6.11　铜铵组分-硫化钠体系与其他硫化体系菱锌矿浮选回收率与硫化钠浓度的关系

为查明不同活化体系菱锌矿浮选回收率随黄药浓度的变化规律，对不同活化条件下黄药浓度与菱锌矿浮选回收率的关系进行对比分析，结果如图 6.12 所示。在硫化钠和黄药浓度相同的条件下，菱锌矿在不同体系的可浮性由高到低依次为：铜铵组分协同活化体系、铜离子活化体系、空白体系，即菱锌矿在铜铵组分协同活化体系中的浮选回收率最高，表现出最为优异的活化效果。与铜离子活化相比，菱锌矿经铜铵组分协同活化后的浮选回收率提高了 8～13 个百分点。该结果得益于经铜铵组分协同活化的菱锌矿表面生成的硫化产物含量更高，硫化层更厚，极大地降低了矿物表面亲水性和溶解性，为黄原酸盐在矿物表面的吸附创造了极为有利的条件，从而有效增强了矿物表面的疏水性，进而提高了浮选回收率。

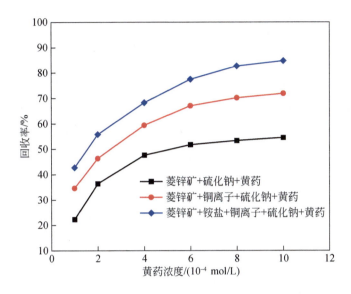

图 6.12　铜铵组分-硫化钠体系与其他硫化体系菱锌矿浮选回收率与黄药浓度的关系

　　铵盐在菱锌矿铜铵组分协同活化体系扮演着重要的角色，其能够与溶液中的铜离子发生络合反应，形成以 $Cu(NH_3)_2^{2+}$ 和 $Cu(NH_3)_3^{2+}$ 为主的铜氨络合物。为深入理解铜铵协同活化体系菱锌矿表面强化硫化浮选机制，对铵盐浓度与菱锌矿浮选回收率的关系进行了研究，结果如图 6.13 所示。从图中结果可以看出，当铵盐浓度处于 $5\times10^{-4}\sim1.5\times10^{-3}$ mol/L 区间时，菱锌矿浮选回收率随着铵盐浓度的升高而增加；当铵盐浓度高于 1.5×10^{-3} mol/L 后，菱锌矿的浮选回收率开始下降。因此，在铜铵协同活化体系强化硫化浮选菱锌矿时，必须要控制好铵盐的用量。

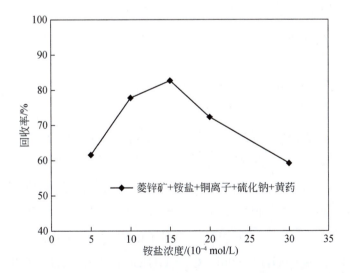

图 6.13　铜铵组分-硫化钠体系菱锌矿浮选回收率与铵盐浓度的关系

　　为揭示铜铵组分协同活化体系铜离子浓度对菱锌矿硫化浮选的影响，对铜铵协同活化前后铜离子浓度与菱锌矿浮选回收率的关系进行了研究，结果如图 6.14 所示。研究结果表明，菱锌矿在铜铵组分协同活化体系的可浮性同样随铜离子浓度的增加呈现先上升后下降的趋势。当铜离子浓度为 4×10^{-4} mol/L 时，浮选回收率达到最大值（82.7%），相较于铜离子活化时的菱锌矿的最高浮选回收率提高了 12.5 个百分点，说明铜铵组分对菱锌矿硫化浮选的强化效果更佳。

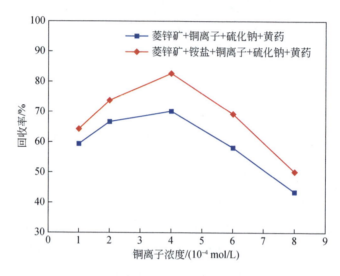

图 6.14　铜铵组分-硫化钠体系与铜离子-硫化钠体系菱锌矿浮选回收率与黄药浓度的关系

　　基于浮选试验和表面分析结果可知，铜铵组分对菱锌矿进行改性，能够促使其表面形成含铜表面，这不仅使得菱锌矿表面的反应位点数量增加，而且生成的铜位点活性高于矿物本体中锌位点的活性，有利于菱锌矿与后续加入的硫离子发生相互作用。矿浆溶液中的硫离子与活化后的菱锌矿表面作用后，矿物表面生成了含量更高、反应活性更强的硫化产物，这为后续黄药的吸附创造了优越条件，进而导致菱锌矿的表面疏水性增强，可浮性得到显著提高。另外，在菱锌矿表面活化过程中，铜离子在矿浆溶液中主要以 Cu^{2+} 和 $Cu(OH)^{+}$ 的形式存在，而铜氨络合物主要以 $Cu(NH_3)_2^{2+}$ 和 $Cu(NH_3)_3^{2+}$ 的形式存在，因此，矿浆溶液中的 Cu^{2+} 会与矿物表面的 O 位点结合，形成—O—Cu 组分，同时矿浆溶液中的 $Cu(OH)^{+}$ 与矿物表面的 $Zn(OH)_m^{n+}$ 组分发生脱水反应，在矿物表面生成—Zn—O—Cu 组分；在铜铵协同活化体系中，矿浆溶液中的活性组分 $Cu(NH_3)_2^{2+}$ 和 $Cu(NH_3)_3^{2+}$ 与菱锌矿作用后，在矿物表面生成 Cu(II) 组分和—Cu—OH/$Cu(NH_3)_n^{2+}$ 组分，实现了菱锌矿表面活化。与铜离子活化相比，菱锌矿在铜铵协同体系的活化效果更佳，矿物表面生成铜组分的含量更高、反应活性更强，且矿浆溶液中的铜组分在矿物表面的吸附效率更高，更有利于后续硫离子的吸附。因此，菱锌矿经铜铵协同活化后，不仅实现了矿物表面强化硫化，还增强了矿物表面的疏水性，从而极大地提高了菱锌矿的可浮性，为实现氧化锌矿的高效硫化浮选回收提供了理论和技术支撑。

参 考 文 献

［1］Feng Q，Wen S. Formation of zinc sulfide species on smithsonite surfaces and its response to flotation performance. Journal of Alloys and Compounds，2017，709：602-608.

［2］Fuerstenau M C，Olivas S A，Herrera-Urbina R，et al. The surface characteristics and flotation behavior of anglesite and cerussite. International Journal of Mineral Processing，1987，20（1-2）：73-85.

［3］Rashchi F，Dashti A，Arabpour-Yazdi M，et al. Anglesite flotation：a study for lead recovery from zinc leach residue. Minerals Engineering，2005，18（2）：205-212.

［4］Kuchar D，Fukuta T，Onyango M S，et al. Sulfidation of zinc plating sludge with Na_2S for zinc resource recovery. Journal of Hazardous Materials，2006，137（1）：185-191.

［5］Irannajad M，Ejtemaei M，Gharabaghi M. The effect of reagents on selective flotation of smithsonite-calcite-quartz. Minerals Engineering，2009，22（9-10）：766-771.